Stefan Frädrich
Günter lernt verkaufen

W0054573

Stefan Frädrich

Günter
lernt verkaufen

Ein tierisches Businessbuch

Illustriert
von Timo Wuerz

Bibliografische Information der Deutschen Bibliothek

Die Deutsche Bibliothek verzeichnet diese Publikation
in der Deutschen Nationalbibliografie; detaillierte
bibliografische Informationen sind im Internet über
http://dnb.ddb.de abrufbar.

ISBN 3-89749-501-5

2. Auflage 2005

Lektorat: Ute Flockenhaus, Fischerhude
Umschlaggestaltung: +malsy Kommunikation und
Gestaltung, Willich
Illustrationen: Timo Wuerz, Hamburg
Satz und Layout: Das Herstellungsbüro, Hamburg,
www.buch-herstellungsbuero.de
Druck und Bindung: Salzland Druck, Staßfurt

www.gabal-verlag.de – More success for you!

Der schlaue Spruch, bevor es losgeht:

»Business ist nichts anderes als ein Knäuel
menschlicher Beziehungen.«

Lido Anthony »Lee« Iacocca

Ein großes Dankeschön
gilt meinem Vater Peter Frädrich,
von dessen langjährigen
internationalen Vertriebserfahrungen
»Günter« profitieren durfte.

Günter ist dein innerer Schweinehund.
Er ist faul und will dich vor Mühe und
Anstrengung beschützen.

1. Günter, der innere Schweinehund

Das ist Günter. Günter ist dein innerer Schweinehund. Er lebt in deinem Kopf und bewahrt dich
vor allem Übel dieser Welt. Immer wenn du etwas
Neues lernen oder dich mal anstrengen musst, ist
Günter zur Stelle: »Lass das sein!«, sagt er dann
oder »Mach das doch später!«, rät er dir. Und
wenn du mal vor einer spannenden Herausforde-
rung stehst, erklärt dir Günter gerne: »Das schaffst
du sowieso nicht!« Eigentlich meint es Günter dabei nur gut mit dir. Er ist nämlich furchtbar faul.
Und weil er denkt, dass du genauso schweine-
hundefaul bist wie er, will dich Günter mit seinen
Ratschlägen vor unnützer Mühe beschützen. Ist
das nicht nett von ihm?

Leider hält dich Günter damit aber oft von deinen
Plänen ab. Du sammelst kaum neue Erfahrungen
und lernst nichts Wichtiges dazu. Bald bist du so
im Trott, dass du immer nur das Gleiche tust: Du
nimmst jeden Tag den gleichen Weg zur Arbeit,
bestellst beim Italiener die immer gleiche Pizza
und schaust dir andauernd die gleichen lang-
weiligen Fernsehsendungen an. Dadurch ist dein
Leben so, wie Günter es gerne haben will: sehr,
sehr gemütlich!

Günter lernt
nicht gerne,
obwohl es
manchmal sein
muss.

2. Hilfe, etwas Neues!

Günter hasst Veränderungen. Doch das Leben verändert sich jeden Tag! Also bringt Günters Einstellung mit der Zeit ein paar Probleme mit sich: Was passiert, wenn du zur Fortbildung mal ein Seminar besuchen musst? Oder wenn ein Ortswechsel ansteht? Oder wenn dir dein Arzt zu einer anderen Lebensweise rät? Na klar, du sträubst dich dagegen, obwohl es vielleicht sein muss. Und warum? Weil Günter protestiert. Er sagt nämlich: »Wozu lernen? Du weißt doch schon alles!« oder »Warum umziehen? Hier kennst du dich doch so schön aus!« oder »Weshalb plötzlich Sport treiben? Bisher ging es auch ohne!«. Günter kann schon ganz schön lästig sein.

Trotzdem musst du manchmal etwas Neues lernen und gewohnte Ansichten überdenken: Vielleicht solltest du ja doch mal wieder joggen gehen? Oder hätte ein Umzug nicht auch seine Reize? Und in der Fortbildung könntest du sicher etwas Nützliches lernen, zum Beispiel wie man gut verkauft. Wolltest du nicht schon lange wissen, wie verkaufen funktioniert?

Günter hält
nichts vom
Verkaufen.
Dabei hat er
nur Vorurteile.

3. Verkaufen? Nein danke!

»Verkaufen?« Sofort wettert Günter drauflos:
»Verkaufen heißt andere über den Tisch zu ziehen.
Und Verkäufer sind schmierige Klinkenputzer, die
wehrlose Kunden gegen die Wand quatschen.«
Oje, da scheint Günter ja fiese Vorurteile zu haben!
Ob er mal schlechte Erfahrungen gemacht hat?
Oder plappert er einfach nach, was ihm andere
vorgeplappert haben? Vielleicht sind seine Vor-
bilder ja sozialistische Wirtschaftsfeinde? Oder
spießige Bildungsbürger? Oder misstrauische Geiz-
kragen? Vom Verkaufen hat Günter jedenfalls
keine Ahnung. Denn Verkaufen ist eine der wichtigsten Künste der Menschheit!

Solange Günter aber eine so negative Einstellung
hat, wird es dir schwer fallen, verkaufen zu lernen.
Besser also, wir erklären ihm zuerst, warum die
Kunst des Verkaufens so wichtig ist. Dann motzt
er nicht mehr herum, und du musst beim Verkaufen nicht ständig deinen inneren Schweinehund
überwinden. Und wenn wir Günter ein wenig trai-
nieren, wird er dir beim Verkaufen sogar helfen,
anstatt dich zu behindern. Wenn man nämlich
mit Günter zusammenarbeitet, geht einem alles
viel leichter von der Hand!

Verkaufen ist eine wichtige Kunst.

4. Verkaufen – eine wichtige Kunst?

»Verkaufen soll also wichtig sein?«, zweifelt Günter. Na klar! Stell dir vor, du willst ein neues Fahrrad haben. In deiner Umgebung gibt es zwei Fahrradgeschäfte und beide bieten die gleichen Räder zum gleichen Preis an. Im ersten Geschäft schraubt ein wortkarger Angestellter an einem Sattel herum und übersieht dich einfach. Im zweiten Geschäft begrüßt man dich freundlich, serviert dir einen Kaffee und dann bekommst du eine super Beratung. In welchem Geschäft wirst du dein Fahrrad wohl kaufen? Natürlich im zweiten. Das ist Verkaufen! So einfach geht das.

»Verkaufen soll eine Kunst sein?«, zweifelt Günter wieder. Aber ja! Nehmen wir an, du hättest dir ein Bein gebrochen und nach endlos langen Wochen nehmen dir zwei Ärzte den Gips ab. Der eine sagt todernst: »Sie haben noch längst nicht alles hinter sich! Jetzt schicke ich Sie erst mal zur Krankengymnastik. Sie müssen nämlich noch ein langes und anstrengendes Therapieprogramm absolvieren!« Der andere Arzt lächelt dich an und sagt: »Herzlichen Glückwunsch, Ihre Heilung klappt ja prima! Wenn Sie jetzt noch ein paarmal Krankengymnastik machen, jagen Sie schon bald wieder wie ein junger Gott über den Sportplatz.« Welcher Arzt motiviert dich eher zur Krankengymnastik? Natürlich der zweite. Auch das ist Verkaufen. Keine Klinkenputzerei, kein Über-den-Tisch-Ziehen!

Verkauft wird ständig und überall.

5. Verkaufen? Au ja!

»Fahrräder und Gipsbeine?«, lästert Günter. »Wie lächerlich!« Günter ist ein Sturkopf. Wenn er eine Meinung hat, verändert er sie nicht so schnell. Schade. Denn irgendwie scheint das Verkaufen ja überall vorzukommen: Im Fernsehen läuft eine Werbung nach der anderen, damit du die neuesten Waschmittel, Autos und Versicherungen kennen lernst. Im Supermarkt steht das bunte Regal mit den Süßigkeiten direkt neben der Kasse, damit dich deine Kinder daran erinnern, Schokolade einzukaufen. Und hast du dein Zeitungsabonnement nur aus Zufall oder hat man es dir mal irgendwie verkauft?

Auch vor anderen Lebensbereichen scheint das Verkaufen nicht Halt zu machen: Wenn der Politiker deine Stimme haben will, erzählt er dir Geschichten, die dir gut gefallen. Wenn du Überstunden machen musst, muntert dich dein Chef ein bisschen auf. Und wenn die lieben Kleinen mal später ins Bett gehen wollen, versprechen sie ihren Eltern dafür eine Gegenleistung. Man könnte fast behaupten, verkaufen wäre ein Naturgesetz: Die Vogelmännchen balzen um die Vogelweibchen, die bunten Blumen buhlen um die Bienen. Und stell dir mal vor, du suchst seit Ewigkeiten einen Partner und plötzlich steht dein Traumtyp direkt neben dir. Was solltest du jetzt tun? Richtig: dich so gut wie möglich verkaufen!

Auch Günter findet es klasse,
Kunde zu sein.

6. Kaufen macht Spaß

Und bist du selbst nicht auch gerne Kunde? Suchst du nach dem Pizzaservice lieber mühsam im Telefonbuch oder nimmst du einfach die praktische Postwurf-Speisekarte aus dem Briefkasten? Gehst du lieber zu dem Zahnarzt, der immer sofort drauflosbohrt, oder zu dem, der dir vorher alles gut erklärt und dich so nett berät? Und welchen Klempner lässt du lieber in deine Wohnung: den stummen Griesgram, den du tagelang nicht erreichst, oder den netten Kerl, der alle Anrufe auf sein Handy weiterleitet? Ja, und manchmal müssen wir uns sogar selbst etwas verkaufen! Wann macht Günter denn das Fitness-Studio mehr Spaß: wenn du dich sinnlos herumquälst oder wenn du auf dem Weg zur Traumfigur bist?

Sicher ist dir auch schon aufgefallen, dass viele Menschen beim Einkaufen richtig Spaß haben. Privat kaufen sie neue Schuhe, schicke Autos, leckeres Essen oder teure Urlaube – und fürs Geschäft produktivere Maschinen, gute Fortbildungen, bessere Zulieferer oder moderne Bürogebäude. Man könnte fast sagen, es sei ein neues Zeitalter des Verkaufens angebrochen: immer neue Angebote, ständig sinkende Preise und bestens informierte Kunden. Keine guten Zeiten also für einen inneren Schweinehund, der nichts vom Verkaufen hält!

Gute Verkäufer
haben gute
Eigenschaften.

7. Ein guter Verkäufer

Günter ist stutzig geworden. So langsam dämmert ihm, dass seine Vorurteile auf sandigem Grund gebaut sind. Anscheinend ist das Verkaufen viel wichtiger, als er geglaubt hat – wichtig für Firma, Familie und Volk. Aber Schweinehunde geben selten zu, wenn sie im Unrecht sind. Sie ändern höchstens ihre Taktik: »Was für ein Glück, dass du das Verkaufen nicht extra lernen musst, denn schließlich bist du schon ein prima Verkäufer! Wenn einer gut verkaufen kann, dann du.« Ist er nicht ein kleiner Schweinehund, dieser Günter?

Lieber Günter, gute Verkäufer sind ehrlich zu sich selbst und haben eine positive innere Einstellung. Sie wollen sich immer weiter verbessern und suchen gerne nach Chancen und Herausforderungen. Dabei springen sie auch mal über ihren Schatten und probieren etwas Neues aus. Sie setzen sich Ziele und wollen diese Ziele auch erreichen. Und wenn es mal nicht so gut läuft, lassen sie sich nicht unterkriegen, sondern bleiben beharrlich und verbreiten Optimismus. Bist du wirklich sicher, dass du so ein guter Verkäufer bist?

Günter ist
ein Pessimist.
Dabei
kann man
Verkaufen
lernen.

8. Günter ist ein Problemsucher

Günter wird kleinlaut. Mit seiner inneren Einstellung hat er nämlich ein echtes Problem. Immer wenn du einen Plan hast, findet Günter eine Ausrede. Und wenn du für ein Problem nach einer Lösung suchst, findet Günter in der Lösung das Problem. Du übernimmst gerne Verantwortung, Günter dagegen wälzt sie gerne auf andere ab. Du hältst vieles für schwierig, aber grundsätzlich für möglich. Günter hält manches für möglich, aber das meiste für zu schwierig. Deine Einstellung wird also immer zu einem Teil der Lösung, Günters Einstellung leider zum Teil des Problems.

»Okay, okay«, sagt Günter, »wenn du ein guter Verkäufer werden willst, sollte ich nicht andauernd herumstänkern. Aber wie verkauft man denn richtig? Ist das nicht furchtbar kompliziert und schwierig?« Aber nein. Ist es etwa kompliziert und schwierig, eine Schwarzwälder Kirschtorte zu backen? Nicht, wenn man dafür ein gutes Rezept hat. Beim Verkaufen ist es ähnlich: Denn wie das Backen ist auch das Verkaufen ein Prozess, den man in einzelne Schritte zerlegen kann. Wenn man die einzelnen Schritte kennt und versteht, wie sie zusammenspielen, ist alles ganz einfach. Dann kannst du sogar Vegetariern Salami verkaufen!

Ein guter Verkäufer will seinen
Kunden einen Gefallen tun.

9. Kundenwünsche

»Vegetariern Salami verkaufen? Du bist ein rücksichtsloser Geschäftemacher!« Günter hat leider Recht. Immer wieder gibt es zwielichtige Verkäufertypen, die einem Dinge aufquatschen, die kein Mensch braucht: überteuerten Strom, ungesundes Essen und wertlosen Schnickschnack. Also, mach es besser! Du sollst nämlich niemandem etwas gegen seinen Willen andrehen, sondern immer nur das verkaufen, was dein Kunde gerne haben möchte und auch wirklich braucht.

»Nanu!«, wundert sich Günter. »Wenn man dem Kunden etwas verkauft, was er gerne haben möchte und wirklich braucht, dann zieht man ihn ja gar nicht über den Tisch, sondern man tut ihm einen Gefallen!« Genau, Günter. Und wenn man seinem Kunden einen Gefallen tut, macht Verkaufen Spaß und man hat dabei Erfolg. Also verkauft man die Salami besser nicht an Vegetarier, sondern an echte Wurst-Freunde! Dazu braucht man nämlich keine faulen Tricks …

Was brauchen deine Kunden
und was wollen sie haben?

10. Der Verkäufer – dein Freund und Helfer

Du verkaufst also gar nicht, um zu verkaufen. Verkaufen ist schließlich kein Selbstzweck. Du verkaufst, um anderen Menschen einen Gefallen zu tun! Wenn du Brötchen verkaufst, hilfst du beim Start in den Tag. Wenn du Benzin verkaufst, hilfst du beim Autofahren. Und wenn du Versicherungen verkaufst, hilfst du deinen Kunden dabei, sich sicherer zu fühlen. Du verkaufst genau das, was die Kunden haben wollen – und nicht das, was du gerade loswerden musst. Du gehst überall durch offene Türen und verdienst dabei dein Geld. Ist das nicht schön?

Beim Verkaufen geht es also gar nicht um dich und um deinen inneren Schweinehund. Beim Verkaufen geht es um deine Kunden und ihre Wünsche. Wenn dein Angebot zum Kunden passt, wird der Kunde bei dir kaufen. Und wenn nicht, dann kauft er eben woanders. Kaufen wird er aber auf jeden Fall! Also: Welches Angebot hast du für deine Kundschaft? Was verkaufst du eigentlich?

Lern deine
Produkte
genau
kennen!

11. Produkt-Knowhow: Was verkaufst du?

Was verkaufst du? Babynahrung, Kfz-Gutachten oder Windkraftwerke? Eigentlich kann man alles verkaufen, solange es irgendjemand haben will. Doch wer seine Kunden nicht nur mit Waren beliefern, sondern sie auch gut beraten möchte, der sollte sich mit seinem Produkt gut auskennen. Also lerne dein Produkt aus dem Effeff kennen! Du musst alles draufhaben: technische Daten, Preise, Stärken, Schwächen, Neuerungen, Trends und so weiter.

Übrigens wissen viele Kunden schon bestens über dein Produkt Bescheid. Vielleicht haben sie sich im Internet schlau gemacht? Oder sie haben sich woanders beraten lassen? Möglicherweise sind sie besonders misstrauisch, weil sie mit Verkäufern schon schlechte Erfahrungen gemacht haben, und wollen nun eben alles ganz genau wissen. Wenn du dich also nicht so gut auskennst oder sogar etwas Falsches erzählst, kannst du das Verkaufen wahrscheinlich vergessen. Deshalb ran an die Details! Weißt du über dein Produkt wirklich schon genau Bescheid?

Erkunde deinen Markt!

12. Marktforschung:
Wer sind deine Kunden?

Du weißt nun also, was du verkaufst. Aber weißt du auch, an wen? Zeit für ein bisschen Marktforschung: Wo ist eigentlich dein Markt? Also, in welcher Branche bewegst du dich, und wer ist deine Kundschaft? Wer kann dein Produkt gut gebrauchen und wer nicht? Welche Kunden hast du schon, und welche kannst du noch dazugewinnen? Welche Kunden lohnen sich und welche eher nicht?

Nehmen wir mal an, du möchtest Rasenmäher verkaufen. Wo hättest du wohl höhere Chancen, auf einen Kunden zu treffen: in einem schwäbischen Dorf oder in einer Großstadt? Natürlich im schwäbischen Dorf. Und wo fiele es dir leichter, ein Jahresabo für die Oper zu verkaufen? Natürlich in der Großstadt. Du siehst schon: Nachdenken lohnt sich! Mach dir also ein möglichst genaues Bild von deinen Kunden. Hallo Günter, noch alles in Ordnung?

GÜNTER®

Wichtig:
ein schöner Name und
ein gutes Logo!

13. Corporate Identity: Wer bist du?

Du weißt nun, was du an wen verkaufst. Aber weißt du auch, wer du bist? »Natürlich weiß ich das! Ich bin Günter, dein innerer Schweinehund.« Nein, so war das nicht gemeint. Es geht um deine Geschäftsidentität: Bei welcher Firma arbeitest du? Wie nehmen euch die Kunden wahr? Welches Image habt ihr? Oder bist du selbstständig? Hat deine Firma einen pfiffigen Namen, der gut klingt, leicht zu merken und kaum zu verwechseln ist? Wie soll dein Geschäft nach außen wirken? Seriös, konservativ und solide? Oder innovativ, modern und locker?

Deine Geschäftsidentität sollte natürlich auch nach etwas aussehen. Am besten lässt du also von einem guten Grafik-Designer ein schickes Logo und einen passenden Schriftzug entwerfen. Selbermachen ist weniger ratsam. Günter mag dich zwar für einen begnadeten Künstler halten, aber mal ehrlich: Hast du seit der Schulzeit je wieder ein schönes Bild zu Papier gebracht? Besser also, du überlässt das Design den Profis – schließlich sollen deine Kunden kein Mitleid mit dir bekommen.

Auch wichtig:
professionelle Briefbögen,
schöne Visitenkarten und
eine gute Homepage!

14. Corporate Design: Wie siehst du aus?

Du brauchst auch professionelle Briefbögen und edle Visitenkarten. Achte dabei auf einheitliche Schriften und Farben – daran kann man dich leicht erkennen. Und schreib überall deine Kontaktdaten drauf: die genaue Anschrift, Telefon- und Faxnummer, Homepage und E-Mail-Adresse.

Außerdem brauchst du im Internet eine gute Homepage. Darauf erklärst du klipp und klar, was du zu bieten hast: Ferienwohnungen, Handyverträge, Gartenbaugeräte … Schreib es auf! Deine Homepage sollte schön übersichtlich sein und sich schnell laden lassen. Sie sollte ein paar Informationen über dich selbst enthalten und vielleicht sogar ein Foto von dir zeigen. Außerdem sollte die Seite immer auf dem neuesten Stand sein, dein Logo und deine typischen Farben zeigen und sich ganz leicht mit Suchmaschinen finden lassen. Am besten lässt du also auch deine Homepage von Profis erstellen. Und schwupps: Schon ist deine Geschäftsidentität fertig!

Marketing hilft dir,
Kunden zu gewinnen.

15. Marketing: Wie vermarktest du dich?

Du hast etwas Gutes zu bieten. Und du weißt, wer du bist und welche Kundschaft du haben willst. Nun müssen auch deine potenziellen Kunden von dir erfahren, denn sonst kann niemand bei dir kaufen. Erst muss man säen, dann kann man ernten. Und erst muss man sich vermarkten, dann kann man verkaufen. Beim Marketing denkst du dich in deine Kunden hinein: Wie erfahren sie, was du Schönes für sie hast? Und wie bringst du sie dazu, bei dir einzukaufen? Marketing ist also Denken im Kopf des Kunden.

»Marketing ...«, grummelt Günter. »Und wie soll das gehen? Das ist bestimmt furchtbar kompliziert!« Keine Sorge: Marketing ist zwar eine richtige Wissenschaft, aber du brauchst kein Wissenschaftler zu werden, um richtiges Marketing zu machen. Denn in den nächsten Kapiteln bekommst du ein paar Tipps, wie du dich auch als Nichtfachmann prima vermarkten kannst. Wenn du einige davon umsetzt, läuft das Geschäft bald wie von selbst. Du kannst dich ja trotzdem mal ab und zu von Fachleuten beraten lassen. Vielleicht engagierst du auch eine Werbeagentur?

Zeig dich deinen Kunden!

16. Broschüren und Anzeigen: Zeig dich!

Wie sollen deine Kunden von dir erfahren? Indem du dich ihnen zeigst! Mach dir also ein schönes, großes Ladenschild und eine professionelle Werbebroschüre, in der du beschreibst, was du deinen Kunden anbietest – ähnlich wie auf der Homepage. Nun legst du die Broschüren dort aus, wo deine potenzielle Kundschaft öfter hingeht: in die Fleischerei, zum Arzt oder ins Solarium. Vielleicht lässt du die Broschüren ja auch als Extra-Einleger mit der Zeitung verteilen?

Apropos Zeitung: Was lesen deine Kunden wohl gerne? Tageszeitung, Wochenblatt oder Branchenjournal? Dann schalte dort Zeitungsanzeigen! Denk dir eine Überschrift und einen Text aus oder einen guten Spruch und dann schnell rein damit ins Blatt! Du kannst deine Anzeigen natürlich auch illustrieren – am besten farbig und mit guten Bildern. Und irgendwo muss wieder dein schönes Logo stehen. Schalte deine Anzeigen übrigens immer regelmäßig und nicht nur sporadisch! So können sich deine Kunden nämlich immer wieder an dich erinnern.

Kontaktiere Freunde
und Bekannte!
Bitte sie, dich
ihren Freunden
und Bekannten zu
empfehlen!

17. Werbung ohne Grenzen

Du kannst deine Werbung auch auf Plakate und Poster, Postkarten oder Fahnen drucken. Oder Werbebanden und Schilder aufhängen. Und wie wäre es mit bedruckten Kugelschreibern, Baseball-Kappen, T-Shirts, Aufklebern oder Bierdeckeln? Im Radio und Fernsehen könntest du sogar Werbespots laufen lassen. Oder einen Katalog mit all deinen Produkten vertreiben. Und Gutscheine, Rabattkärtchen und Bestellformulare verteilen. Vielleicht kannst du sogar mit einer Geld-zurück-Garantie werben? Im Internet solltest du bei Online-Auktionen mitmachen und darauf achten, dass dich die Suchmaschinen gut platzieren – so kann man dich nämlich leichter finden. Ach ja: Und stehst du eigentlich schon in den gelben Seiten?

Du kannst aber auch ein wenig PR machen. »PR« ist englisch, heißt »Public Relations« und bedeutet übersetzt in etwa »Öffentlichkeitsarbeit«. PR ist keine Werbung. Bei Werbung redest du nämlich über dich selbst, während du bei PR andere über dich reden lässt – zum Beispiel in einem Zeitungsartikel oder Radiobeitrag. Kennst du vielleicht einen Journalisten? Dann bitte ihn doch mal, über dich zu berichten! Möglicherweise braucht er gerade eine gute Story und findet deinen Job spannend? Oder biete einer Zeitung an, zu deinem Thema mal selbst einen Fachartikel zu schreiben! Vielleicht bekommst du auf diese Weise sogar eine eigene Kolumne? Schon bald wird man dich überall kennen.

Mach
viel Werbung
und PR!

18. Networking: viele gute Freunde

Sicher hast du auch viele Freunde und Bekannte,
die du schon lange nicht mehr gehört oder gese-
hen hast? Das kannst du dir zunutze machen: Ruf
doch mal jeden Einzelnen von ihnen an! Erzähl
ihnen, was du verkaufst, und bitte sie, dich an
ihre Freunde und Bekannten weiterzuempfehlen.
Selbstverständlich tust du das Gleiche auch für sie,
denn eine Hand wäscht schließlich die andere. So
kannst du nette alte Kontakte aufleben lassen und
ganz nebenbei ein bisschen arbeiten. Schon bald
wird ein Kunde zu dir kommen, weil dich ein alter
Freund empfohlen hat.

Um ein paar Ecken herum kennt man noch mehr
Menschen. Schreib doch mal alle Berufe auf,
die dir einfallen. Und dann überleg dir, wen du
kennst, der einen dieser Berufe ausübt. Deine Liste
wird sich schnell füllen: Andreas ist Arzt, Beate
ist Bürokauffrau und Christophs Cousin ist Con-
troller. Und jetzt wiederhole deine Telefonaktion –
schon bald hast du eine ganze Lawine losgetreten!

Geh auf
Netzwerker-Treffen,
Messen
und Kongresse!

19. Noch mehr Networking

Aber warum so bescheiden? Du brauchst dich
gar nicht auf deinen eigenen Bekanntenkreis zu
beschränken! Warst du schon mal auf einem Netzwerker-Treffen? Dort laufen lauter Leute herum,
die fleißig nach Geschäftskontakten suchen und
ihre Visitenkarten austauschen. So lernst du neue
Kunden kennen oder Multiplikatoren, die für
Mund-zu-Mund-Propaganda sorgen. Auch im Internet gibt es mittlerweile tolle Netzwerker-Seiten.
Vielleicht zahlst du deinen Netzwerkern, Freunden
und Bekannten ja eine kleine Provision, wenn sie
dir einen Geschäftskontakt vermitteln? So werden
sie dir noch lieber helfen wollen.

Auch im Fitnessclub, beim Parteitreffen oder auf
einem Festbankett ist man oft zur richtigen Zeit
am richtigen Ort ... Und bist du eigentlich schon
Mitglied in einem Berufs- oder Interessenverband?
Dann frag dort nach, wie du an neue Kontakte
kommst!

Außerdem solltest du unbedingt auf Messen und
Kongresse gehen! Dort findet man neue Kunden
nämlich besonders leicht – schließlich will jeder
gerne Geschäfte machen. Vielleicht lernst du wichtige Leute sogar persönlich kennen: Einkaufsleiter,
Geschäftsführer oder Chefsekretärinnen?

Inszeniere tolle Events,
sammle Adressen
und verschicke regelmäßig
Newsletter!

20. Werbeideen ohne Ende

Du kannst auf deinem Messestand sogar eine kleine Verkaufsshow inszenieren – am besten mit viel Tamtam drum herum: mit spannenden Spielen, guter Musik und einem Clown für die Kids. Vielleicht baust du deinen Stand auch mal in der Fußgängerzone auf? Oder im Einkaufszentrum? Oder auf dem Marktplatz? Und für deine wichtigsten Kunden veranstaltest du von Zeit zu Zeit spezielle Informationsabende, an denen du deine Produkte erklären und nebenbei Kontakte pflegen kannst.

Sammle immer möglichst viele Adressen! So kannst du deine Werbung viel gezielter verschicken – vielleicht per Newsletter, Brief, Fax, E-Mail oder SMS? Und immer, wenn es bei dir etwas Neues gibt, erzählst du es gleich deinen Kunden weiter. So bleiben sie stets auf dem Laufenden. Achte aber beim Schreiben darauf, dass dich deine Kunden auch verstehen können: Schreib möglichst einfach, klar und unterhaltsam! Und kann man deinen Newsletter eigentlich schon auf deiner Homepage bestellen? Übrigens: An Adressensammlungen kommst du auch über Berufsverbände oder Werbeagenturen heran.

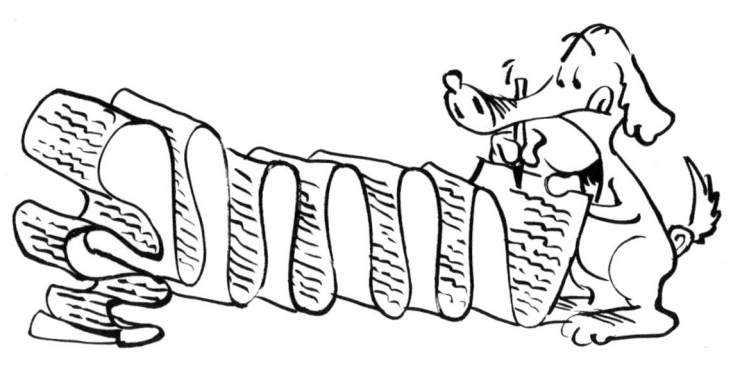

Schreib all deine Werbe-
ideen auf eine Liste!
Die besten davon setzt du um.

21. Dein Marketing-Plan

Wahrscheinlich hast du mittlerweile einige Ideen bekommen, wie du für dich werben kannst. Du siehst: Deiner Fantasie sind keine Grenzen gesetzt. Am besten setzt du dich mal in aller Ruhe hin und schreibst alle Möglichkeiten auf. Vielleicht fällt sogar Günter etwas ein? Übrigens kannst du auch von deiner Konkurrenz etwas abgucken. Man muss das Rad ja nicht immer neu erfinden …

Wenn du eine Liste mit passenden Werbeideen erstellt hast, überleg dir, welche du davon realisieren kannst! Rechne dir aus, was dich die einzelnen Ideen kosten würden, und dann vergleich die Kosten mit dem Nutzen, den du erwartest! Nun entscheidest du dich für ein paar Ideen und machst dir deinen ganz persönlichen Marketing-Plan. Diesen Plan arbeitest du nun einfach ab. Schon bald brummt deine Hütte! Und wenn du deine neuen Kunden immer schön fragst, wie sie auf dich aufmerksam geworden sind, kannst du dein Marketing danach ausrichten und überflüssige Werbung in Zukunft streichen.

Gute Verkäufer
haben viel drauf.
Kein Problem:
alles erlernbar!

22. Gleich geht's los!

Jetzt hast du so viel Marketing gemacht, dass schon bald dein erster Kunde vor dir steht. Günter ist das nicht ganz geheuer. »Na prima!«, meckert er zynisch. »Nun bist du zwar im Schweinsgalopp zum Marketing-Experten geworden, aber du hast noch keinen blassen Schimmer, wie man richtig verkauft!« Warum macht sich Günter nur solche Sorgen? Manchmal sind Schweinehunde richtige Angsthasen.

»Angst?«, Günter protestiert. »Ich habe keine Angst! Aber gute Verkäufer sind sympathisch, offen und locker«, erklärt er. »Sie sind redegewandt und werden schnell mit fremden Menschen warm. Sie können andere begeistern und bekommen am Ende immer, was sie haben wollen. Gute Verkäufer sind ganz anders als du!« Verkäufer scheinen ja wirklich wahre Übermenschen zu sein. Ob Günter da nicht ein bisschen übertreibt? Vielleicht ist Günter ja ein wenig schüchtern und hat Angst, sich zu blamieren? Aber keine Panik! Natürlich brauchen Verkäufer viele gute Eigenschaften und Fähigkeiten – aber die kann man alle lernen. Und nobody is perfect! Nicht einmal Verkäufer.

Erst das Kennenlernen,
dann das Vertrauen.

23. Ein bisschen Vertrauen

Vergiss das Verkaufen erst einmal – schließlich willst du niemandem etwas gegen seinen Willen andrehen! Vielmehr kannst du deinen Kunden dabei helfen, ihre Wünsche zu erfüllen: Also betrachte Kunden nicht als Opfer, denen du Geld aus der Tasche ziehst, sondern sieh sie als ganz normale Menschen, denen du einen Gefallen tust!

Aber Vorsicht: Auch Kunden haben einen misstrauischen inneren Schweinehund. Und auch der hält Verkäufer manchmal für aufdringliche Klinkenputzer und hat Angst davor, an der Nase herumgeführt zu werden. Bevor du also mit dem Verkaufen anfängst, sollte dich dein Kunde erst mal kennen lernen. Dann wird dir sein innerer Schweinehund vertrauen, und du kannst dem Kunden in aller Ruhe zeigen, was du Schönes für ihn hast.

Gute Beziehungen
sind schnell und
einfach aufgebaut.

24. Eine gute Beziehung

Dein Kunde will dich kennen lernen. Also bau eine gute Beziehung zu ihm auf! »Eine Beziehung?«, stänkert Günter. »Was soll das denn jetzt? Glaubst du nicht, dass du ein wenig übertreibst?« Keine Sorge, Günter! Eine gute Beziehung bedeutet nicht gleich eine tiefe Freundschaft oder gar eine amouröse Liaison. Eine gute Beziehung ist die Voraussetzung dafür, dass Menschen überhaupt miteinander klarkommen. Bei einer guten Beziehung können sich die inneren Schweinehunde zweier Menschen friedlich beschnuppern, ohne zu kläffen oder gar zuzuschnappen. Klar?

»Aber bei den meisten Leuten bin ich doch friedlich!«, erklärt Günter. »Ich mag unsere nette Nachbarin, den propperen Postboten und die lahme Dame von der Kinokasse, weil sie dich immer so freundlich anlächelt. Haben wir zu all denen eine gute Beziehung?« Genau, Günter! Wir haben zu all den Menschen eine gute Beziehung, die wir nett finden. Dabei ist es ganz egal, wie gut man sich wirklich kennt. Eine gute Beziehung kann man sogar zu einem Wildfremden aufbauen – ganz schnell und einfach. Und eben auch zu einem Kunden.

Je besser die
Verkaufsatmosphäre,
desto wohler fühlt sich
der Kunde.

25. Eine gute Atmosphäre

»Und wie baut man eine gute Beziehung auf?«, will Günter wissen. Ganz einfach: Indem man dafür sorgt, dass sich die inneren Schweinehunde von Käufer und Verkäufer friedlich beschnuppern können – am besten in einer Atmosphäre, in der man sich wohl fühlt. Also: Wie ist die Atmosphäre dort, wo du verkaufst?

Verkaufst du in deinem Büro? Dann sollte es schön sauber und aufgeräumt sein und niemand sollte euch stören können. Hoffentlich hast du dein Handy ausgeschaltet und alle Anrufe zum Kollegen weitergeleitet? Oder verkaufst du in einem Laden? Dann sollte der Verkaufsraum harmonisch und geschmackvoll eingerichtet sein – natürlich auch mit stimmiger Farbgestaltung –, und es sollte angenehm ruhig sein oder leise Musik laufen. Oder bist du vielleicht auf einem Messestand? Dann sollte dein Kunde bequem sitzen können und etwas zu essen und trinken bekommen. Vergiss nicht: Je wohler sich innere Schweinehunde fühlen, desto besser klappt spater das Verkaufen.

Ein guter
Verkäufer
ist gut
gekleidet.

26. Deine äußere Erscheinung

Nachdem du deine Umgebung inspiziert hast, wirfst du nun einen prüfenden Blick auf dich selbst. Wie siehst du aus? Machst du eigentlich einen guten Eindruck? Du weißt ja: Für einen guten ersten Eindruck bekommt man keine zweite Chance!

Also: Wie bist du gekleidet? Hoffentlich stehen dir deine Klamotten gut und sind halbwegs modern, sauber und frisch gewaschen. Deine Kleidung sollte außerdem zur Umgebung passen: in der Bank einen Anzug oder ein Kostüm und in der Werkstatt einen Blaumann. Am besten wäre es, wenn du dich immer so ähnlich anziehen würdest wie deine Kundschaft, denn je ähnlicher man sich ist, desto zutraulicher werden innere Schweinehunde. Wenn dein Kunde also eine Krawatte trägt, solltest du als Mann auch eine tragen – und wenn er ohne daherkommt, brauchst auch du keine. Aber hast du auch schöne Schuhe an? Und bist du körperlich fit und immer gut frisiert? Trägst du ein gutes Parfüm oder Aftershave? Sind deine Zähne geputzt und achtest du auf einen frischen Atem? Hast du saubere Hände und gepflegte Fingernägel? Und hältst du auch nichts in der Hand, was stören könnte – zum Beispiel dein Handy oder gar eine stinkende Zigarette? Dann ist ja alles bestens! Der Kunden-Schweinehund wird dich gerne mögen.

Eine sympathische
Ausstrahlung
öffnet dir Tür und Tor.

27. Deine innere Erscheinung

Aber nicht nur deine äußere Erscheinung ist wichtig, sondern auch deine innere. »Was soll denn das jetzt?«, meckert Günter. »Was für eine innere Erscheinung?« Ganz einfach: Deine innere Erscheinung ist das Gefühl, das du anderen Menschen von deinem inneren Wesen vermittelst. Was kann man spüren, wenn man vor dir steht?

Wirkst du freundlich, offen und ausgeglichen? Achtest du auf gute Umgangsformen und bist du immer höflich? Nimmst du dir für andere Menschen gerne Zeit und bist dabei pünktlich, verlässlich und konzentriert? Wirkst du selbstsicher, herzlich und natürlich? Schaust du deinem Gegenüber in die Augen? Lächelst du gerne und verbreitest du eine gute Stimmung? Achtest du auf eine angenehme Stimme und Sprache oder sprichst du vielleicht zu laut oder zu leise, zu schnell oder zu langsam? Können sich andere Menschen in deiner Anwesenheit wohl fühlen? Nimmst du sie ernst und gibst ihnen das Gefühl, wichtig zu sein? Bist du dabei vielleicht sogar ein wenig locker und leger? Prima! Dann kann ja fast nichts mehr schief gehen.

Konzentriere dich auf
deinen Kunden und
versuche ihn einzuschätzen!

28. Der Kunde, das unbekannte Wesen

Du hast nun ein wenig Nabelschau betrieben und deine Erscheinung perfektioniert. Jetzt wird es Zeit, dich deinem Kunden zuzuwenden: Gleich wirst du einen neuen Menschen kennen lernen – einen Menschen mit eigenen Erfahrungen, eigenen Ansichten und einem ganz eigenen inneren Schweinehund. Also vergiss mal Günter und dich selbst und konzentriere dich nur auf dein Gegenüber! Wer ist dieser Mensch?

Schätze deinen potenziellen Kunden ein wenig ein! Wirkt er geschäftig und zielstrebig oder schlendert er eher gemütlich daher? Schaut er dir in die Augen oder guckt er an dir vorbei? Lächelt er entspannt oder macht er ein ernstes Gesicht? Wirkt er insgesamt eher offen, sicher und freundlich? Oder verschlossen, unsicher und unterkühlt? Kleidet er sich modisch oder lieber praktisch? Kommt er ganz alleine oder in Begleitung? Also, welche Signale sendet dein Kunde aus? Vielleicht kannst du sogar schon etwas über ihn in Erfahrung bringen, bevor du ihn persönlich triffst – zum Beispiel übers Internet. Gute Verkäufer bereiten sich auf wichtige Kunden nämlich immer gut vor und recherchieren gerne und viel. Mach dir also ein ungefähres Bild, aber bau keine Vorurteile auf! Oft sind Menschen nämlich ganz anders, als sie zunächst scheinen. Und dann sprichst du deinen Kunden einfach an!

In die Augen
schauen,
lächeln und
»Hallo« sagen!

29. Hallo, lieber Kunde!

»Wie bitte? Bist du wahnsinnig?« Günter scheint jetzt wirklich empört zu sein. »Du kannst doch einen wildfremden Menschen nicht einfach so ansprechen! Was ist denn, wenn du ihm zu aufdringlich bist? Oder wenn er dich nicht mag? Dann kannst du das Verkaufen gleich vergessen. Also warte doch erst mal ab!« Typisch Günter. Er hat Schwellenangst. Dabei kannst du etwas lernen, wenn du dich neuen Erfahrungen stellst – denn Wachstum ist immer da, wo etwas Neues kommt. Und vielleicht ist dein Kunde ja zu schüchtern, um dich von sich aus anzusprechen? Also kümmere dich um ihn – schließlich muss sich jeder mal überwinden! Kannst du dir vorstellen, wie viele gute Geschäfte schon geplatzt sind, nur weil zwei innere Schweinehunde zu schüchtern waren?

Also los! Schau deinem Kunden freundlich in die Augen und lächle dabei. Steh aufrecht, halte den Kopf ganz leicht schräg und deine Hände etwas geöffnet. All das bedeutet nämlich: Mein Schweinehund ist nett und tut dir nix Böses. Dein Gegenüber wird das sofort bemerken und sein innerer Schweinehund wird brav mit dem Schwanz wedeln. Dann begrüßt du deinen Kunden einfach. Du sagst: »Guten Morgen!« oder »Guten Tag!« oder einfach nur »Hallo!«. Wetten, dass ihr schnell einen guten Draht zueinander bekommt?

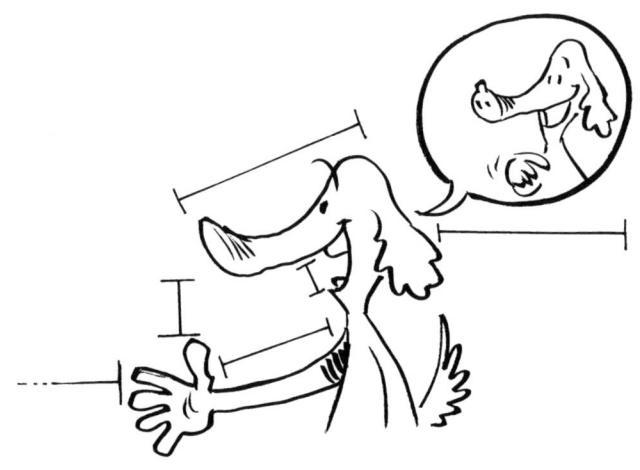

»Ich bin Günter
und ich will dir helfen!«

30. Stell dich vor

Du hast deinen Kunden begrüßt. Jetzt achtest du
auf seine Reaktion. In den meisten Fällen wird er
automatisch zurückgrüßen, also auch »Guten Morgen!« oder »Guten Tag!« oder einfach nur »Hallo!«
sagen. Er wird deinen Blickkontakt erwidern und
dich ebenfalls freundlich anlächeln. Dann ist alles
bestens – Ihr habt eine gemeinsame Frequenz ge-
funden! Jetzt kannst du dich vorstellen.

Sag deinen Namen und achte darauf, dass man
ihn gut versteht! Wenn du einen komplizierten
Namen hast, sprichst du am besten langsam und
verständlich, damit man nicht gleich nachfragen
muss. Dann nennst du deine Funktion und Stel-
lung im Unternehmen: »Mein Name ist Stefan
Schnipsel, und ich bin Ihr Kundenberater.« Oder:
»Mein Name ist Franziska Fröhlich, und ich bin
hier die Geschäftsführerin.« Am besten gibst du
dem Kunden nun auch die Hand. Achte dabei auf
einen wohl dosierten Händedruck – nicht zu stark
und nicht zu schwach! Und pass auf, dass du dem
Kunden nicht zu nahe auf die Pelle rückst! Alles,
was näher ist als eine Armlänge, empfindet man
schnell als unangenehm. Natürlich solltest du
auch nicht zu weit weg stehen. Und dann biete
dem Kunden deine Hilfe an!

Ist dein Kunde mürrisch?
Mach dir nichts draus!
Er ist auch nur ein Mensch.

31. Komische Kunden

Manche Kunden reagieren etwas komisch: Sie schauen mürrisch an dir vorbei, nuscheln ihr »Hallo!« nur widerwillig oder grüßen dich erst gar nicht zurück. Meistens steckt ihr innerer Schweinehund dahinter. Der ist nämlich misstrauisch, schüchtern oder gerade schlecht gelaunt und will in Ruhe gelassen werden. Also nimm es nicht persönlich, sondern biete trotzdem deine Hilfe an. Aber dann halte dich zurück und warte ab! Würdest du dem Kunden nun ein Verkaufsgespräch aufzwingen, wäre das zu penetrant. Du würdest damit nur seinen inneren Schweinehund ärgern, und dein Kunde wäre schnell wieder weg.

»Mürrische Kunden und zickige Schweinehunde?«, mosert Günter. »Na, das kann ja heiter werden ...« Moment! Warst du nicht auch schon mal schlecht gelaunt, schüchtern oder misstrauisch? Warum also sollte es deinen Kunden anders gehen? Besser, Günter zeigt ein bisschen Respekt und Nachsicht. Schließlich geht es um Menschen. Und Menschen dürfen ruhig sein, wie Menschen eben sind: nämlich menschlich!

Nimm dich selbst
nicht so wichtig,
konzentriere dich
lieber auf deinen
Kunden!

32. König Kunde!

»Respekt und Nachsicht ...« Günter grübelt. »Warum eigentlich? Wenn der Kunde miese Laune hat, soll er dich doch damit in Ruhe lassen!« Günter hat es noch nicht begriffen: Hier geht es nicht um dich und deine persönlichen Ansichten, sondern um deine Kunden. Deine Kunden wollen nämlich, dass du ihnen einen Gefallen tust. Dafür geben sie dir Geld, und mit diesem Geld wird dein Gehalt bezahlt. So einfach ist das.

Also meckere nicht herum! Besser, du erinnerst dich daran, dass dir dein Kunde vertrauen soll. Und fürs Vertrauen braucht ihr eine gute Beziehung, die man natürlich besonders schnell und gut aufbauen kann, wenn sich dein Kunde bei dir wohl fühlt – gleichgültig, ob er zunächst gut oder schlecht gelaunt ist. Also stell dich nicht selbst in den Mittelpunkt, sondern denk in erster Linie an deinen Kunden! Mach dir klar, dass du eine Firma vertrittst, die keine hochnäsigen inneren Schweinehunde mag – denn die meisten Kunden verliert man durch Unfreundlichkeit, Desinteresse und Arroganz! Wenn du also unbedingt immer im Mittelpunkt stehen oder dich wichtig machen musst, suchst du dir besser einen anderen Job. Am besten einen ohne Kundenkontakte.

Lass dem Kunden
Zeit, sich an
dich zu gewöhnen!

33. Ein Schweinehund taut auf

Manchmal braucht dein Kunde ein bisschen Zeit, um aufzutauen. Mach dir deswegen keine Gedanken, sondern sei einfach freundlich! Je freundlicher du bist, desto schneller kann sich sein innerer Schweinehund an dich gewöhnen. Und wenn du merkst, dass dein Kunde langsam deinen Kontakt sucht, dann sprich mit ihm! Aber Vorsicht: Fang nicht gleich ein Verkaufsgespräch an! Besser, du gehst etwas behutsamer vor und beginnst mit einem kleinen Smalltalk.

»Smalltalk?« Günter will schon wieder meckern. »Belangloses Geplapper? Quatschen wie beim Friseur? Nicht mit mir!« Schade, Günter. Denn jeder Mensch lernt andere erst mal gerne kennen, bevor er ihnen vertraut. Auch du. Und bei einer lockeren persönlichen Unterhaltung geht das besonders schnell und unkompliziert. Erst die Unterhaltung, dann die Beziehung. Erst die Beziehung, dann das Verkaufen. Alles klar? Wenn du natürlich merkst, dass dein Kunde gleich zur Sache kommen will, dann halte dich nicht mit Smalltalk auf! Dann musst du rasch zum Punkt kommen, damit die Beziehung stimmt.

Smalltalk bringt
die Unterhaltung
in Gang.

34. Smalltalk

»Worüber soll man denn mit einem wildfremden Menschen plaudern?«, fragt sich Günter. »Ob du auch gleich das richtige Thema findest?« Keine Sorge: Das Thema ist zunächst ganz egal! Denn es geht nicht darum, eine geistreiche Konversation in Gang zu bringen, sondern euren inneren Schweinehunden beim gegenseitigen Beschnuppern zu helfen. Die beiden wollen nämlich zunächst nur zwei Dinge voneinander wissen: Klingt der andere nett? Und kann man ihm vertrauen?

Also sprich einfach über das, was dir gerade einfällt! Du kannst deinem Kunden beispielsweise etwas zu trinken anbieten. Oder übers Wetter reden. Hauptsache, du sagst etwas, worauf dein Gegenüber antworten kann. Gute Smalltalker haben übrigens einen scharfen Blick. Wenn sie beim anderen etwas entdecken, was ihnen gefällt, machen sie sofort ein Kompliment: »Schicke Krawatte haben Sie da!« Oder: »Das ist aber ein schönes Notebook! Darf ich fragen, wo Sie es herhaben?« Wetten, dass ihr so ganz leicht ins Plaudern kommt?

Sprich über interessante Themen und
konzentriere dich auf Gemeinsamkeiten!

35. Gute Gesprächsthemen

Du wirst sehen: Wenn eure Unterhaltung mal in Gang gekommen ist, klappt es auch mit der Beziehung! Am besten sprecht ihr über etwas, was euch beide interessiert – zum Beispiel über eure Branche. Wenn ihr kein gemeinsames Thema findet, dann redet doch über das Lieblingsthema deines Kunden – schließlich geht es vor allem um seinen inneren Schweinehund! Damit du dich über viele Themen unterhalten kannst, solltest du immer wissen, was in der Welt gerade los ist. Liest du Zeitung? Siehst du fern? Und hast du eine gute Allgemeinbildung? Dann ist ja alles bestens!

Übrigens: Falls dir mal ein Kunde unsympathisch ist, lass es dir nicht anmerken! Innere Schweinehunde sind nämlich sehr feinfühlig und reagieren schnell empfindlich. Besser also, du konzentrierst dich auf das, was dir am Gegenüber gut gefällt. Vielleicht auf sein neues Auto? Die schicken Schuhe? Oder seinen super Jahresumsatz? Du kannst dir auch eure Gemeinsamkeiten anschauen: dieselbe Messe oder gemeinsame Bekannte? Ein netter Mensch also, dein Gegenüber! Schon bald wird das Eis zwischen euch schmelzen und eure inneren Schweinehunde können sich anfreunden.

Lass deinen Kunden erzählen
und hör ihm gut zu!

36. Die Kunst des Zuhörens

Die meisten Menschen reden gerne über sich selbst. Sie erzählen von ihrer Arbeit, ihren Kindern und ihrem Auto. Wenn man ihnen dabei gut zuhört, fühlen sie sich wohl. Und je mehr sie sprechen können, desto besser geht es ihnen. Sie fühlen sich rundum verstanden, obwohl man selbst kaum ein Wort spricht! Aber so kann man jede Menge Spannendes erfahren.

Also lass deinen Kunden von sich erzählen! Nachdem er ein wenig aufgetaut ist, wird er ganz von selbst damit anfangen. Und dann hörst du geduldig und aufmerksam zu. Solange der andere spricht, solltest du ihn nicht unterbrechen, sonst bringst du seine Gedanken durcheinander und ärgerst ihn. Zwischen den Sätzen fasst du ab und zu mal zusammen, was dein Kunde gesagt hat, und stellst eine Rückfrage – das zeigt nämlich, dass du auch mitdenkst. Schau ihm dabei oft in die Augen, sag »aha« und »ja«, und nicke ab und zu bestätigend! Pass aber auf, dass es nicht so erscheint, als würdest du deinen Gesprächspartner aushorchen! Dann ist er nämlich ganz schnell wieder still.

Sei nicht zu aufdringlich und
quatsch deinen Kunden nicht voll!

37. Vorsicht, Labergefahr!

Ihr seid nun mitten im Gespräch und dein Kunde findet dich nett. Schon bald kannst du ihm etwas verkaufen. Aber Vorsicht: Manche Verkäufer gebärden sich schon nach drei Sätzen so vertraulich, dass es unangenehm wird! Sie tun dann so, als wäre der neue Kunde ein alter Kumpel, obwohl man bisher gerade mal die Hände geschüttelt hat. Kein Wunder also, dass der Kunde bald die Flucht ergreift. Bleib deshalb immer ein bisschen auf Distanz – selbst wenn du dein Gegenüber sehr nett findest!

Andere Verkäufer denken, dass sie ihre Kunden unterhalten müssen. Also quatschen sie ohne Punkt und Komma. Sie reden einem die Ohren blutig und wundern sich dann, dass sie trotzdem nichts verkaufen. Dabei will der arme Kunde schon längst nichts mehr hören, hat auf Durchzug gestellt und will dem Verkäufer eine Maulsperre verpassen. Also halte dich beim Sprechen zurück! Überlass deinem Kunden etwa zwei Drittel eurer Gesprächszeit, hör ihm gut zu und rede selbst nur ein Drittel! Damit hast du die Labergefahr sicher gebannt. Nur am Anfang eines Gesprächs solltest du über dich selbst erzählen – so kann dich dein Kunde nämlich kennen lernen, und sein innerer Schweinehund wird zutraulich.

Merk dir den Namen des Kunden
und diskutiere nicht unnötig!

38. Namen und Meinungen

Die erste und wichtigste Information über deinen Kunden ist sein Name. Diesen solltest du richtig verstehen und dir gut merken. So kannst du dein Gegenüber immer wieder persönlich ansprechen. Das wird ihm schmeicheln, und er wird dich dafür mögen. Aber übertreib es nicht! Wenn man jemanden zu oft mit seinem Namen anspricht, wirkt das schnell unterwürfig und schleimig – ein guter Mittelweg ist am besten.

Und fang bitte nicht das Diskutieren an! Niemand vergrault andere Menschen schneller als übereifrige Besserwisser, die gerne belehren oder ermahnen. Also lass deinen Kunden seine eigene Meinung haben – er soll sich bei dir wohl fühlen und nicht dumm. Denn beim Verkaufen geht es nicht ums Rechthaben, sondern um ein erfolgreiches Geschäft. Das ist dann erreicht, wenn dein Kunde bei dir kauft. Also lass dein Ego an der Leine und zeig Respekt! Man muss ja nicht immer derselben Meinung sein, und du brauchst niemandem etwas zu beweisen.

Akzeptiere jeden
Menschen, wie er ist!

39. Verschiedene Kundentypen? Quatsch!

Manche Verkäufer teilen ihre Kunden gerne in verschiedene Menschen-Typen ein: zum Beispiel in Schwätzer, Zögerer, Arrogante, Pedanten oder Willensschwache. Und dann wollen sie bei jedem Typ eine spezielle Gesprächstechnik anwenden, um die Kunden zum Kauf zu bewegen. Doch je mehr du andere Menschen in Schubladen steckst, desto unsympathischer findet dich ihr innerer Schweinehund – und das macht nicht nur das Verkaufen schwierig … Also führt das Schubladendenken am Ziel vorbei!

Besser also, du bist für andere Menschen grundsätzlich offen. Akzeptiere jeden so, wie er tatsächlich ist, und nicht, wie er nach irgendeiner Theorie sein sollte! Es gibt keine speziellen Kunden-Typen, sondern nur jede Menge Individuen – und kein Individuum will in eine Schublade gesteckt werden. Du brauchst dir also keine komplizierten Gedanken zu machen und bekommst trotzdem ein viel feineres Gespür für dein Gegenüber, als sich manch unsensibler Kästchen-Denker je vorstellen kann. Behandele jeden einfach so, wie er selbst gerne behandelt werden will. Und ganz nebenbei: So verkaufst du auch viel besser.

Achte auf die Körpersprache
deines Kunden und pass dich
ihr an!

40. Die Körpersprache

Du weißt ja: Menschen kommunizieren nicht nur mit Worten, sondern auch durch ihre Stimme, Gestik und Mimik. Also kommunizieren Menschen eigentlich immer – selbst dann, wenn sie gar nichts sagen wollen. Man kann sozusagen nicht nicht kommunizieren. Und oft verrät der Körper sogar mehr als die gesprochenen Worte. Also achte nicht nur darauf, was dein Kunde sagt, sondern auch darauf, wie er es sagt! Welche Körperhaltung hat er? Wie bewegt er sich? Und wie ist sein Gesichtsausdruck, wie sein Blick? Vielleicht verrät dir das alles, was er gerade denkt!

Übrigens: Wenn du dich deinem Kunden anpasst – und zwar in Stimme, Gestik und Mimik –, dann wirst du dich noch besser mit ihm verstehen! Wenn er zum Beispiel ernst schaut, sich energisch bewegt und laut spricht, dann mach es ihm einfach nach: Schau genauso ernst, beweg dich energisch und sprich laut. Und wenn sich dein Kunde ruhig zurücklehnt, zufrieden lächelt und leise spricht, lehnst auch du dich zurück, lächelst und sprichst leise. Eure inneren Schweinehunde erkennen die Ähnlichkeit und finden einander sympathisch. So bauen gute Verkäufer zu den unterschiedlichsten Menschen ganz schnell eine Beziehung auf. Sie stellen sich auf ihr Gegenüber ein und halten sich selbst zurück – sie drücken niemandem ihre Persönlichkeit auf.

Mit Logik und
Vernunft hat
Kaufen meist
wenig zu tun.

41. Jetzt geht's los!

Jetzt kennst du den Kunden, und der Kunde kennt dich. Ihr habt geplaudert, und eure inneren Schweinehunde konnten einen guten Draht zueinander bekommen. Dein Kunde fühlt sich wohl und vertraut dir. Das Verkaufen kann jetzt also losgehen. »Endlich!«, freut sich Günter. »Das wurde aber auch Zeit.« Er wedelt vor lauter Vorfreude mit seinem Ringelschwanz. Hättest du das gedacht?

»Aber warum kaufen Menschen überhaupt ein?«, fragt Günter nun. Eine gute Frage! Meistens begründen wir unsere Einkäufe ja mit Logik, Geld und Vernunft: Wir brauchen dringend neue Schuhe, das Drei-Gänge-Menü hat so viele Vitamine und der sparsame Turbodiesel ein gutes Preis-Leistungs-Verhältnis … Aber stimmt das überhaupt? Kaufen wir nicht auch ein, damit wir mit den Schuhen besser aussehen? Oder weil uns das Essen Appetit macht? Und ist der Turbodiesel nicht ziemlich schnell und heiß begehrt? Also, warum kaufen wir wirklich ein?

Kaufen befriedigt
Bedürfnisse:
Gefühle, Wünsche,
Träume.

42. Gefühle, Wünsche, Träume

»Worauf willst du hinaus?«, fragt Günter. »Willst du etwa behaupten, dass Kaufen gar nicht so viel mit Logik, Geld und Vernunft zu tun hat?« Ganz genau! Er ist schon eine Leuchte, dieser Schweinehund. In Wirklichkeit kaufen wir nämlich, um unsere Bedürfnisse zu befriedigen! Die Schuhe sollen uns attraktiver machen, das Essen soll lecker schmecken und mit dem Auto wollen wir ein wenig protzen. In Gedanken malen wir uns dann eine schönere Zukunft aus und unser Bauch entscheidet sich zum Kauf. Jetzt brauchen wir nur noch einen triftigen Grund, damit wir den Kauf vor unserem Gewissen rechtfertigen können: einen dringenden Bedarf, unseren schlechten Vitaminhaushalt oder das günstige Preis-Leistungs-Verhältnis. Und dann erst kaufen wir, was wir längst schon haben wollten.

Meistens kaufen wir also, um unsere Bedürfnisse zu befriedigen. Und hinterher konstruieren wir dafür rational klingende Erklärungen. Also hat das Verkaufen weniger mit dem Verstand zu tun als vielmehr mit Gefühlen, Wünschen und Träumen – mit subtilen Kräften also, auf die unsere Logik scheinbar nur wenig Einfluss hat.

Von manchen Produkten scheint
ein magischer Sog auszugehen –
man muss sie einfach haben.

43. Ein bisschen Magie

»Dann weiß ich jetzt, warum viele so glücklich aussehen, wenn sie einkaufen!« Günter freut sich. »Das kommt daher, dass sie ihren Kauf in Gedanken schon mal genießen.« Ganz genau, Günter! Und dein Job als Verkäufer ist es nun, diese Vorfreude gezielt entstehen zu lassen.

Manchmal scheint von einem Produkt ein magischer, unsichtbarer Sog auszugehen, dem man sich kaum entziehen kann – man will es unbedingt haben! So ein Sog entsteht immer dann, wenn ein paar Dinge zusammenkommen: Das Produkt ist gut und man braucht es. Der Verkäufer ist nett und man fühlt sich wohl. Wenn jetzt noch die Gelegenheit günstig ist, gibt es kein Halten mehr: Man will nur noch kaufen, kaufen, kaufen! Du brauchst deinem Kunden also gar nichts mühsam aufzudrücken – besser, du lässt einen magischen Sog entstehen …

Frag den Kunden
nach seinen
Wünschen! Dann
kannst du sie ihm
erfüllen.

44. Zauberei mit ein paar Fragen

»Du willst einen magischen Sog entstehen lassen?«
Günter schmunzelt. »Willst du etwa zaubern lernen?«
Sozusagen. Ein guter Verkäufer verkauft das, was der
Kunde gerne haben will. Um aber zu erfahren, was er
haben will, muss man ihn zuerst danach fragen. Nur
dann kann man ihm das verkaufen, was ihn magisch
anzieht und seinen Bedürfnissen entspricht. Und Abra-
kadabra: Der Verkäufer hat gezaubert. Bevor du also zu
verkaufen anfängst, stellst du dem Kunden erst ein paar
Fragen: Was führt ihn zu dir, und was möchte er haben?
Was interessiert ihn am meisten, was genau versteht er
darunter und warum ist ihm das so wichtig? Du grenzt
seine Motive und Bedürfnisse ein und hilfst deinem
Kunden, genau das zu bekommen, was er haben will. Je
mehr du fragst, desto besser verkaufst du.

Am besten fragst du zuerst, ob du ein paar Fragen stellen darfst. Und dann stellst du offene Fragen und keine
geschlossenen. Offene Fragen beginnen meist mit den
Worten wie, was oder warum. Darauf kann dein Kunde
nämlich ausführlich antworten und sagt nicht nur Ja
oder Nein. Also frag auch nicht: »Kann ich Ihnen helfen?«, sondern »Wie kann ich Ihnen helfen?« oder »Was
kann ich für Sie tun?«. Übrigens solltest du dem Kunden
für seine Antwort auch immer genügend Zeit lassen und
ihm aufmerksam zuhören. Alles klar, großer Zauberer?
Möge die Macht mit dir sein!

Wenn du dem Kunden keine Fragen
stellst, kannst du ihn nur schlecht beraten.

45. Erst die Diagnose, dann die Therapie

»So viele Fragen!«, wundert sich Günter. »Ist das nicht zu aufdringlich?« Ganz im Gegenteil! Wechseln wir mal die Perspektive und du bist jetzt der Kunde: Stell dir vor, du brauchst einen neuen Fotoapparat. Du gehst in ein Geschäft und der Verkäufer mustert dich nur kurz. Dann geht er schnurstracks zum Regal, holt eine bestimmte Kamera heraus und behauptet, das Modell wäre für dich genau richtig. Wie reagierst du? Wahrscheinlich gehst du gleich wieder. Vielleicht gibt es im nächsten Geschäft ja eine noch bessere Kamera?

Im nächsten Geschäft lächelt dich der Verkäufer freundlich an und begrüßt dich. Dann stellt er dir ein paar wichtige Fragen: Wie kann er dir helfen? Wofür brauchst du die Kamera? Wie teuer darf sie sein? Und welche Größe soll sie haben? Jetzt holt er ein paar passende Modelle hervor und erklärt dir die feinen Unterschiede – du brauchst dich nur noch zu ent- scheiden. Und was machst du jetzt? Du kaufst dir eine neue Kamera! Vielleicht nimmst du sogar das gleiche Modell wie im ersten Geschäft? Aber jetzt hast du ein gutes Gefühl dabei, denn du konntest erklären, was du brauchst, und du wurdest gut beraten. Es ist fast so wie beim Arzt: Der soll uns auch erst ein paar Fragen stellen, bevor er uns Tabletten in die Hand drückt. Also erst die Diagnose, dann die Therapie!

Schick deinen Kunden auf eine
Entdeckungsreise durch dein Produkt!

46. Ein Kunde auf Entdeckungsreise

Dein Kunde konnte dir also seine Wünsche anvertrauen. Jetzt hofft er, dass du etwas Passendes für ihn hast. Und tatsächlich: Du weißt genau, was ihm gefallen könnte. Also schickst du ihn nun auf eine kleine Entdeckungsreise – eine Entdeckungsreise durch dein Produkt. Denn wenn der Kunde die Vorzüge deines Produktes kennen lernt, wird der magische Sog entstehen. Am besten machst du den Kauf also zu einem echten Erlebnis!

Vielleicht inszenierst du ja eine kleine Verkaufsshow? Zum Beispiel mit moderner Präsentationstechnik: mit Laptop, Beamer und ein bisschen Musik. Oder du verpackst das Produkt besonders schick? So erscheint es gleich doppelt so wertvoll! Falls ihr übrigens an einem Tisch sitzt, dann sitzt ihr am besten über Eck. So könnt ihr euch nämlich gemeinsam anschauen, was du dem Kunden zeigen willst – ganz locker und ohne allzu intensiven Blickkontakt. Und achte darauf, dass wirklich alle anwesenden Kunden deine Präsentation gut sehen können! Ach ja: Und halte deine Hände oberhalb der Tischkante …

Konzentriere
dich auf gute
Argumente,
und sprich so,
dass sich dein
Kunde wichtig
fühlt!

47. Wichtige Argumente

Konzentriere dich jetzt auf dein Produkt: Was hast du für deinen Kunden? Was ist das Besondere daran? Worin unterscheidet es sich von vergleichbaren Produkten? Und wie wird es dem Kunden nutzen? Am besten sortierst du deine Verkaufsargumente in der richtigen Reihenfolge: Zuerst ein wichtiges Argument, dann die weniger wichtigen. Und das wichtigste Argument nennst du am Schluss. Wenn du dich so gut vorbereitet hast, kannst du sogar unter Zeitdruck verkaufen – zum Beispiel bei einem kurzen Gespräch im Aufzug!

Sprich übrigens immer so, dass sich dein Kunde wichtig fühlt! Nenn ab und zu seinen Namen, und sprich in der Sie-Form anstatt in der Ich-Form: Also sag nicht »Ich zeige Ihnen …«, sondern »Hier sehen Sie …«. Und anstatt »Das ist etwas ganz Besonderes …« sagst du »Sie bekommen etwas ganz Besonderes …«. Schon bald will dein Kunde das Produkt haben. Und er ist auch gerne bereit, dafür einen guten Preis zu bezahlen.

Verwende die
Drei-Schritte-Technik:
1) Was ist das?
2) Was bedeutet das?
3) Was nützt das?

48. Vorsicht, Fachidioten!

Schlechte Verkäufer werfen gerne mit Fachausdrücken um sich: »Diese Digitalkamera hat einen 3-fach optischen Zoom bei 5,1 Millionen Pixel!« So mag sich der Verkäufer zwar für besonders schlau und kompetent halten, aber er übersieht leider, dass Kunden keinen unverständlichen Technik-Text hören wollen, sondern einfach nur einen Fotoapparat brauchen – zum Beispiel, um bei einer Hochzeit fotografieren zu können. Und wenn der Verkäufer Fachchinesisch redet, verstehen die Kunden nur Bahnhof. Also schnell ins nächste Geschäft!

Deshalb Vorsicht mit Fachausdrücken! Am besten präsentierst du den Nutzen immer aus der Sicht des Kunden. Und dabei hilft dir die Drei-Schritte-Technik. Erster Schritt: Was hast du zu bieten? »Diese Kamera hat einen 3-fach optischen Zoom.« Zweiter Schritt: Was bedeutet das? »Damit können Sie entfernte Objekte näher heranholen.« Dritter Schritt: Was nützt das? »So können Sie sogar jemanden fotografieren, obwohl er weit weg steht!« Du sprichst in den Worten des Kunden, und er versteht genau, was du ihm sagen willst.

Sprich in Vergleichen,
Bildern und Metaphern!

49. Die Macht von Bildern

Die reinen Fakten klingen oft ein bisschen langweilig. Also sprich auch in Bildern und Metaphern: »Sie sehen in diesem Kleid aus wie ein Filmstar!« Oder: »Sie werden dieses Navigationssystem bald schätzen wie einen guten Freund!« So erzeugst du im Kopf deines Kunden eine schöne Vorstellung, und er freut sich darauf, dein Produkt zu benutzen. Zahlen drückst du übrigens am besten in einfachen Vergleichen aus: »Dieser Vertrag kostet Sie gerade mal so wenig wie ihre tägliche Zeitung!«

Achte auch genau auf die Sprache deines Kunden! Welche Worte verwendet er häufig? Wie drückt er sich aus? Und dann passt du deine Sprache an seine an: Er will einen Sportwagen kaufen und spricht dauernd von »scharfen Geschossen«? Dann biete ihm unbedingt ein »scharfes Geschoss« an! Dabei malst du in den schönsten Farben aus, was er bald zu erwarten hat: viel Spaß beim Gasgeben und die neidischen Blicke der Nachbarn. Der magische Sog hat begonnen.

Unterstütze deine
Überzeugungskraft durch
Mimik und Gestik.

50. Ein Funke springt über

Mit ein wenig Körpersprache kannst du deine Überzeugungskraft sogar noch steigern. Also konzentriere dich nicht nur auf deine Worte, sondern setz auch Mimik und Gestik ein! Zeig ihm, wie begeistert du von deinem Produkt bist! Lächle, staune, freue dich! Überzeuge ihn mit lebendigen Bewegungen und harmonischen Gesten! Bring dabei deinen ganzen Körper ein! Dein Kunde wird schnell merken, dass du etwas wirklich Besonderes für ihn hast. Und weil du selbst so begeistert bist, kann diese Begeisterung nun überspringen – denn wenn man für etwas wirklich brennt, kann man damit auch andere entzünden.

Aber Vorsicht: Wir glauben ja gerne, dass wir uns immer gut verständlich machen – vor allem bei so viel Hingabe. Und dann sind wir überrascht, wenn unser Gegenüber etwas ganz anderes hört und versteht, als wir eigentlich meinen. Also vergewissere dich zwischendurch, ob dich dein Kunde auch richtig verstanden hat: Lass ihn Zwischenfragen stellen! Wenn ihm etwas noch nicht klar ist, erklärst du es ihm geduldig. Und wenn du mal einen Monolog hältst, holst du dir zwischendurch immer wieder kleine Bestätigungen: »Nicht wahr?«, »Sehen Sie das auch so?« oder einfach nur »Oder?«. So kann dir dein Kunde besser zustimmen.

Vermeide das Wort
»aber«! Es führt zu
Widersprüchen und
Diskussionen.

51. Aber, aber

Wo du gerade so schön beim Verzaubern bist: Achte immer auf deine Formulierungen! Günter neigt leider dazu, einfach draufloszuplappern. Dabei kann man sein Gegenüber mit einem unbedachten Wort sehr schnell verärgern. Zum Beispiel mit dem Wort »aber«.

»Aber was soll denn an ›aber‹ so schlimm sein?«, fragt sich Günter. Ganz einfach: Das Wörtchen »aber« signalisiert einen Widerspruch! Du bist anderer Meinung als dein Kunde. So fühlt sich sein empfindlicher Schweinehund schnell bevormundet oder sogar angegriffen. Er hört dann nämlich: »Aber, aber! Du dummer Kunde hast ja gar keine Ahnung!« Und nun wird er nicht mehr auf deine Argumente achten, sondern ausprobieren, welcher Schweinehund der stärkere ist. So wird das Verkaufen schwierig. Anstatt »aber« sagst du also besser »und auf der anderen Seite« oder »man kann es auch so sehen, dass ...« oder einfach nur »und«! So lässt du die Meinung des anderen gelten und kannst zudem deine eigene erklären. Es kommt kein Konflikt auf, und eure inneren Schweinehunde konzentrieren sich auf Argumente.

Verwende Worte, die ein
schönes Gefühl auslösen!

52. Die Zauberkraft der Worte

Jedes Wort ruft in uns ein bestimmtes Gefühl hervor. Wenn wir zum Beispiel das Wort »Frühling« hören, fühlen wir uns besser als beim Wort »Nieselregen«. Sogar gleiche Dinge kann man unterschiedlich ausdrücken: So sagt man entweder »Balg« oder »Wonneproppen«. Und auch hier rufen unterschiedliche Wörter unterschiedliche Gefühle hervor. Diesen Effekt kannst du dir beim Verkaufen zunutze machen. Verwende nur Worte, die ein schönes Gefühl auslösen!

Sag also nicht »billig«, sondern »preiswert«! Sag nicht »später«, sondern »sofort«! Und sag nicht »ich wäre«, »könnte«, »hätte« und »würde«, sondern »ich bin«, »kann«, »habe« und »werde«! Verwende lauter Zauberworte! Zum Beispiel »ja«, »gerne«, »natürlich«, »absolut«, »hervorragend«, »prima«, »genial«, »richtig«, »super«, »selbstverständlich«, »ausgezeichnet«, »fantastisch«, »danke«, »bitte« und so weiter. Und die »Konkurrenten« sind deine »Mitbewerber«, die »Kosten« eine »Investition« und das »Problem« wird zur »Aufgabe«. Du meinst genau das Gleiche, drückst es aber viel schöner aus. Du (be)zauberst mit deinen Worten.

Achte auf deine Formulierungen!
Formuliere immer positiv, stell deinen
Kunden in den Mittelpunkt und
verpacke Behauptungen in Fragen!

53. Der feine Unterschied

Auch in ganzen Sätzen können kleine Unterschiede in der Formulierung eine große Wirkung haben: »Ich habe mich nicht richtig ausgedrückt« klingt besser als »Sie haben mich nicht richtig verstanden«. Oder »Bitte verstehen Sie mich richtig!« klingt besser als »Verstehen Sie mich nicht falsch!«. Und »Bitte denken Sie daran!« ist viel netter als »Vergessen Sie nicht!«. Formuliere also immer positiv und stell deinen Kunden in den Mittelpunkt! Du kannst dich dabei auch ruhig selbst ein wenig in Zweifel ziehen: »Habe ich Ihren Namen richtig verstanden?« anstelle von »Ich habe Ihren Namen nicht verstanden«. Am schlimmsten wäre aber wohl »Sie haben Ihren Namen so undeutlich ausgesprochen, dass ich ihn nicht verstehen konnte!« ...

Behauptungen solltest du übrigens geschickt in Fragen verpacken: »Wissen Sie, wie viele Steuern Sie mit diesem Vertrag sparen können?« Oder: »Ist Ihnen schon aufgefallen, wie modern diese Jacke ist?« Du behauptest damit, die Jacke sei modern, obwohl du eigentlich danach fragst, ob dem Kunden das schon aufgefallen ist. So gibt es keine Zweifel: Die Jacke muss also modern sein! Und weil du sonst meistens offene Fragen stellst, fällt deinem Gegenüber gar nicht auf, dass du ihn diesmal gar nichts fragst, sondern etwas behauptest. Weißt du, wie geschickt das ist?

Lass deinen
Kunden oft
»ja« sagen oder
denken!

54. Ja, ja, ja!

Sogar von ganz kurzen Worten kann eine magische Zauberkraft ausgehen. Zum Beispiel vom Wörtchen »ja«! Immer wenn sich innere Schweinehunde eine leckere Pizza, einen gemütlichen Fernsehabend oder eine entspannende Massage vorstellen, denken sie nämlich »Ja, ja, ja!«, und sie freuen sich. Also kannst du das Wort »ja« verwenden, um ein gutes Gefühl auszulösen – vor allem beim Verkaufen.

Lass deinen Kunden also möglichst oft »ja« sagen oder denken! Zum Beispiel behaupte etwas, worauf man eigentlich nur »ja« sagen kann: »Der Preis ist wichtig.« Oder: »Die Qualität muss stimmen.« Oder stell einfach ein paar passende Suggestivfragen: »Suchen Sie nach einem günstigen Preis und hoher Qualität?« Oder: »Möchten Sie etwas ganz Tolles haben?« Ja, natürlich! So machst du eine Klammer auf, die du nun elegant wieder schließen kannst: »Dann habe ich genau das Richtige für Sie!« Und weil dein Kunde jetzt schon in »Ja-Stimmung« ist, wird er dir gespannt zuhören und weiterhin gerne zustimmen.

Wenn du mit einem Kunden telefonierst, schreib dir seinen Namen auf und erzähle, was du für ihn hast!

55. Verkaufen am Telefon

Oft kann man seine Kunden nicht persönlich treffen. Also muss man sie anrufen und das Verkaufsgespräch am Telefon führen. »Am Telefon? Nicht mit mir!«, protestiert Günter. »Ich weiß zwar jetzt, wie man Marketing macht, eine Beziehung aufbaut und ein Produkt präsentiert. Aber fremde Menschen anzurufen, um ihnen am Telefon etwas zu verkaufen, geht mir zu weit!« Hat da wieder jemand Schwellenangst? Mensch, Günter!

Auch am Telefon sollst du natürlich niemanden über den Tisch ziehen. Vielmehr rufst du den Kunden an, um ihn schlauer zu machen und ihm zu helfen. Also nur keine Hemmungen: Nimm dir einen Block Papier und einen Stift! Dann schnapp dir das Telefon und wähle die Nummer deines Kunden – am besten natürlich dann, wenn dein Kunde gerade Zeit für dich hat und du ihn mit deinem Anruf nicht unnötig ärgerst. Sobald er sich gemeldet hat, schreibst du seinen Namen auf, damit du ihn nicht vergisst. Und dann geht es los: »Guten Tag, Herr Sonne! Mein Name ist Max Mond und ich bin Ihr Kundenberater bei der Firma Himmel AG. Unser Telefonat hat folgenden Grund: Wir sind spezialisiert auf Wind und Wetter, das heißt, Sie bekommen eine maßgeschneiderte Lösung für … Ihre Vorteile hierbei sind …« Natürlich ersetzt du »Himmel« durch euren Firmennamen und »…« durch deine Verkaufsargumente. Wetten, dass dir dein Kunde jetzt zuhören will?

Achte auch beim
Telefonieren auf Gestik
und Mimik! Und
stell keine dummen
Fragen!

56. Der Gesprächseinstieg am Telefon

Natürlich hast du dich aufs Telefonat gut vorbereitet. Du hast dir alle Argumente aufgeschrieben und deine Begrüßung auswendig gelernt. Du sitzt bequem oder du stehst aufrecht, lächelst freundlich und hast viel Bewegungsfreiheit – sogar durchs Telefon spürt man nämlich deine Gestik und Mimik. Vielleicht stellst du dich dabei vor einen Spiegel? So kannst du dein Auftreten prima kontrollieren. Achte darauf, dass du angenehm klingst und deutlich sprichst! Pass dein Sprechtempo an die Sprechgeschwindigkeit deines Gesprächspartners an, und moduliere ab und zu deine Stimmlage! Und natürlich konzentrierst du dich auf das Telefonat und lässt alle Nebentätigkeiten bleiben.

Zu Gesprächsbeginn solltest du übrigens keine unnützen Fragen stellen wie: »Haben Sie einen Moment Zeit?« oder »Störe ich gerade?«. Wenn dein Kunde keine Zeit für dich hat, wird er es dir sagen – du brauchst es ihm nicht extra nahe zu legen. Frag auch nicht gleich: »Hätten Sie vielleicht Interesse an meinem Produkt?« Wie soll dein Kunde denn wissen, ob er an etwas Interesse hat, von dem du noch gar nichts erzählen konntest? Vorsicht mit Verlegenheitsfragen und Floskeln: »Wie geht es Ihnen?« – »Gut, danke! Nur habe ich gerade keine Zeit für ein Telefonat.«

Verkaufe wie von
Angesicht zu Angesicht!

57. Der Telefon-Profi

Du hattest einen guten Gesprächseinstieg, und jetzt legst du los: Stell dein Produkt und seinen Nutzen vor, und sprich dabei wieder bildhaft in Metaphern, Visionen und Vergleichen! So entsteht der magische Sog sogar am Telefon. Und wenn dein Kunde etwas sagen will, hörst du ihm gut zu und machst dir Notizen. Notiere einfach alles, was wichtig sein könnte: Einwände, Namen, Fachausdrücke und Argumente. So kannst du später leicht darauf zurückgreifen.

Manchmal stellt sich heraus, dass dir dein Gesprächspartner selbst nicht weiterhelfen kann. Dann frag sofort nach dem richtigen Ansprechpartner! Notiere dir den Namen und lass dich dann durchstellen! Wenn das nicht geht, kündige einen späteren Anruf an und frag nach einem günstigen Zeitpunkt dafür! Wenn du einen Kunden übrigens das erste Mal anrufst, solltest du dich auf keinen Fall zurückrufen lassen, sonst versucht man vielleicht, dich abzuwimmeln. Nimm das aber nicht persönlich – schließlich kennt dich dein Kunde noch gar nicht! Und wenn man dich nicht zu deinem Gesprächspartner durchstellen will, greifst du einfach in die Trickkiste: »Verstehe ich Sie richtig? Sie entscheiden in Ihrer Firma selbst über ...?« So wirst du ganz schnell mit der richtigen Person sprechen.

Dein Kunde will
nicht kaufen?
Macht nichts! Aber
die Gründe dafür
solltest du schon
kennen!

58. Wenn der Kunde nicht kaufen will

Wenn dein Kunde nichts kaufen will, kann das verschiedene Gründe haben: Vielleicht sprichst du ja immer noch mit der falschen Person? Möglicherweise macht sich dein Gegenüber nur wichtig und die Entscheidung trifft ein ganz anderer? Du solltest also elegant nachfragen: »Wie wird die Entscheidung denn genau getroffen?« So erfährst du, wer wirklich das Sagen hat. Und weil man eine Treppe am besten von oben kehrt, wendest du dich nun an die wirklichen Entscheider. Übrigens sollte man auch immer ein gutes Verhältnis zu (Chef-)Sekretärinnen haben. Denn meistens sind sie sehr nett, und sie können einem beim Treppensteigen helfen ...

Vielleicht hat dein Kunde auch gerade kein Budget? Oder ihm gefällt dein Produkt nicht? Oder dein Mitbewerber ist günstiger? Wie auch immer: Sei nicht traurig, sondern sieh es nüchtern. Ablehnung ist völlig normal. Manchmal soll es eben nicht sein – du willst schließlich niemanden zu etwas zwingen, was er nicht haben will. Frag aber trotzdem genau nach den Gründen! Vielleicht lässt sich ja doch noch etwas machen? Zum Beispiel wenn dein Kunde ein Einkaufs-Profi ist.

Einkaufs-Profis wissen gut
Bescheid und taktieren gerne.

59. Der Einkaufs-Profi

Wenn dein Kunde nicht gleich kaufen will, ist
Günter schnell traurig. Dabei verfolgt der Kunde
mit seiner Absage vielleicht eine Taktik? Es könnte
ja sein, dass du es mit einem Einkaufs-Profi zu tun
hast, der dich absichtlich ein wenig zappeln lässt.
Vielleicht um dich später im Preis zu drücken?
Oder um irgendeinen anderen Bonus herauszuho-
len? Oder auch einfach nur, weil es seinem inneren Schweinehund Spaß macht, wenn du ein wenig in der Luft hängst? Also gib nicht gleich auf!

»Ein Einkaufs-Profi? Was ist denn das?« Günter
runzelt die Stirn. Ganz einfach: Ein Einkaufs-Profi
weiß genau, was er braucht, was er haben will
und was er dafür ausgeben darf. Und bevor du
ihm überhaupt dein Angebot machen darfst, hat
er sich längst über dich und dein Produkt schlau
gemacht – denn er ist kritisch und lässt sich nicht
gerne beeinflussen. Daher kennt er auch die üb-
lichen Preise und Qualitäten und hat neben dir
noch mindestens einen weiteren Anbieter im Rennen. Er kann also genau vergleichen und sich eine
fundierte Meinung bilden. Und weil der Profi gerne ein Pokerface aufsetzt, lässt er dich nie wissen,
wer in seiner Gunst gerade vorne liegt: du oder
dein(e) Mitbewerber. Beste Voraussetzungen also,
um weiter am Ball zu bleiben!

Absagen sind nur
Zwischenergebnisse auf
dem Weg zum Erfolg.

60. Nicht unterkriegen lassen!

Lass dich nicht unterkriegen! Bei irgendwem muss dein Kunde schließlich kaufen – also warum nicht bei dir? Und wenn dir ein Kunde mal sehr kritisch erscheint, ist er bestimmt auch deiner Konkurrenz gegenüber kritisch. Weil aber jeder nur mit Wasser kocht – auch deine Mitbewerber –, kann jeder beim Verkaufen Fehler machen. Also ist es ganz egal, wenn es zwischenzeitlich mal nicht so gut läuft: Was zählt, ist nur das Ergebnis! Steck daher nicht den Kopf in den Sand, sondern frag deinen Kunden, warum er noch zögert! Hör ihm gut zu und denk dich dann in seine Position hinein! Und zeig dafür Verständnis: Schließlich muss der Wurm dem Fisch schmecken und nicht dem Angler!

Stell jetzt aber auf keinen Fall negativ formulierte Fragen, die wie Feststellungen klingen: »Sie haben also wirklich kein Interesse?« Dein Kunde würde sich nur selbst einmauern: »Genau. Ich habe wirklich kein Interesse!« So könntest du wirklich, wirklich, wirklich nichts mehr verkaufen. Heute nicht und morgen auch nicht.

Innere Schweinehunde
brauchen ständig eine
Belohnung.

61. Eine Frage der Motivation?

Manche Kunden müssen erst eine Weile überlegen, bevor sie sich zum Kauf entscheiden. Deshalb ist es schade, wenn Günters Motivation zu früh schlappmacht. Obwohl noch gar nichts verloren ist, will Günter schon aufgeben – und dein Kunde kauft vielleicht woanders. »Woher nimmst du nur deinen Optimismus?«, wundert sich Günter. »Wer soll dich denn motivieren, wenn dein Kunde nicht kauft? Dein Chef wird bestimmt sauer sein!« – Typisch innerer Schweinehund!

Innere Schweinehunde wollen für jede kleine Anstrengung immer gleich belohnt werden. Also muss man ihnen gut zureden und sie ab und zu mal streicheln, damit sie motiviert sind. Aber sobald sie ihre Belohnung bekommen haben oder mal eine etwas größere Schwierigkeit auftaucht, geben sie sofort wieder auf: Sie legen sich faul auf die Couch und warten auf eine noch größere Belohnung, damit sie wieder einen Grund sehen, sich ein bisschen anzustrengen. Leider wirken solche Belohnungen aber immer nur kurzfristig, und schon bald bewegen sich innere Schweinehunde überhaupt nicht mehr! Trotz aller Lobhudelei.

Lass dich nicht
von anderen
motivieren,
sondern motiviere
dich selbst!

62. Motivation von außen

Manche Menschen brauchen also zur Motivation immer einen äußeren Anreiz: ein Dankeschön, ein dickes Lob oder irgendein anderes Bonbon – sonst rührt ihr innerer Schweinehund keine Pfote. Andere Menschen dagegen brauchen oft einen Tritt in den Hintern. Erst unter Druck können sie sich zur Arbeit aufraffen. Und egal ob Kunde, Chef oder Terminkalender: Irgendwer wird den Druck schon machen. Ganz anders ist das bei erfolgreichen Menschen: Sie lassen sich nicht von anderen motivieren, sondern sie motivieren sich selbst! »Sich selbst motivieren?« Günter schaut ungläubig. »Wie soll das denn gehen?« Ganz einfach: mit den richtigen Zielen!

»Ziele?«, wundert sich Günter. »Wieso Ziele?« Weil Ziele bestimmen, in welche Richtung man geht! Denn erst wenn man etwas Bestimmtes erreichen will, kann man sich zielstrebig darauf zubewegen, und man ist selbst dann noch motiviert, wenn es mal etwas schwieriger wird. Also, was willst du beim Verkaufen erreichen? Willst du einen bestimmten Umsatz schaffen? Oder bald befördert werden? Oder willst du in aller Ruhe von neun bis fünf arbeiten und jeden Monat dein Geld aufs Konto kriegen? Wie dem auch sei, wichtig ist, dass du dir deine Ziele klar machst! Apropos: Welche Ziele hat eigentlich deine Firma? Und passen die Ziele deiner Firma auch zu deinen eigenen Zielen?

Gute Ziele sind groß und schön –
und am besten weit, weit weg!

63. Deine Ziele

Ohne Ziele weiß dein innerer Schweinehund nicht, warum er etwas arbeiten soll. Also liegst du faul herum und bist ständig deprimiert – du führst ein ödes Leben ohne Ziel und Plan. Und falls Günter zwar arbeitet, aber dabei ständig nur herummotzt, passen deine Ziele vielleicht nicht zu dir. Also such dir bessere Ziele! Vielleicht brauchst du auch einen anderen Job, der dir mehr Spaß macht?

Gute Ziele sollten übrigens realistisch sein und sich irgendwie messen lassen können. Nur so kannst du sie nämlich verwirklichen und weißt auch immer, wie du gerade im Rennen liegst. Außerdem sollten gute Ziele möglichst groß und schön sein, und man sollte sie nur langfristig erreichen können: die Marktführerschaft, finanzielle Sicherheit oder das perfekte Produkt. Denn je größer das Ziel ist und je besser es zu dir passt, desto stärker wird dein Drang werden, das Ziel auch zu erreichen. Stell dir deine Ziele deshalb auch immer möglichst bildhaft vor! Wie schön wird es wohl sein, wenn du endlich angekommen bist? Und falls du mal Angst vor der eigenen Courage hast, dann sprich dir Mut zu: »Günter, das schaffst du schon!« Lob dich für das, was du gut gemacht hast, und feiere deine Erfolge! Sei aber nicht allzu streng mit dir, wenn etwas danebenging – beim nächsten Mal wird es schon klappen!

Verfolge deine Ziele
strategisch und
Schritt für Schritt!

64. Die richtige Strategie

Wenn deine Ziele klar sind, brauchst du nun eine Strategie, wie du sie möglichst gut erreichst. Mach dir also einen Plan: Was willst du bis wann schaffen? Dein Plan sollte nicht zu lasch sein, dich aber auch nicht überfordern – die besten Leistungen bringt man nämlich, wenn man seine Kräfte gut einteilt. Und dann fang einfach mit der Arbeit an: Beweg dich Schritt für Schritt auf dein großes Ziel zu und konzentriere dich dabei immer nur auf die Aufgabe direkt vor dir! So hast du lauter kleine Zwischenerfolge, über die du dich immer wieder freuen kannst. Du fühlst dich prima, kommst deinem Ziel jeden Tag näher und brauchst weder Lob noch Tadel – du bist dein eigener Chef. Und selbst, wenn es mal nicht so gut läuft: Solange die Richtung stimmt, ist der Weg dein Ziel.

Übrigens: Manche Schweinehunde beten einem immer vor, was man alles tun sollte, tun könnte oder tun müsste. Und dann vergessen sie gerne, ihren großen Worten Taten folgen zu lassen. Wie dumm! Denn oft werden Gedanken zu Worten, Worte zu Taten und Taten zur Gewohnheit. Deshalb haben deine Gedanken viel Macht über dich. Also achte darauf, was du denkst! Und wenn du deine Gedanken in Worte fasst, dann sag nur, was du meinst, meine, was du sagst, und mach, was du gesagt hast! So wirst du auch wirklich alles tun, was du tun sollst, tun kannst und tun musst. Alles klar, Günter?

Sei selbstkritisch
und flexibel und
immer bereit
dazuzulernen!

65. Probleme? Prima!

Schlechte Verkäufer jammern gerne über äußere Umstände: die dummen Kunden, das miese Horoskop oder die schwache Konjunktur. Gute Verkäufer suchen lieber bei sich selbst nach Fehlern: Ist mein Service gut? Stimmt der Preis noch? Ist die Qualität in Ordnung? Und dann wollen sie sich so schnell wie möglich verbessern. Denn es bringt nichts, auf bessere Zeiten zu warten: Die Schnellen besiegen die Langsamen und die Kreativen die Verharrenden. Das war schon immer so und wird auch immer so bleiben. Denn alles im Leben verändert sich – ständig! Und wir Menschen sind entweder unbeweglich, beweglich oder wir bewegen uns. Aber nur wer sich bewegt, kann auf Veränderungen reagieren, sich anpassen und Neues lernen. Es kommt also nicht darauf an, wie gut du bist, sondern darauf, wie gut du sein willst. Entwickle dich deshalb ständig weiter!

Du siehst schon: Deine innere Einstellung ist sehr wichtig. Denn während sich die einen gerne als Hürdensucher betätigen, wollen die anderen lieber Pfadfinder sein. So tragen sie dazu bei, Probleme zu lösen, anstatt zu einem Teil der Probleme zu werden. Das verschafft ihnen Erfolge, die wiederum weitere Erfolge nach sich ziehen – alles als Resultat ihrer Einstellung!

Freu dich über
Einwände: Sie
helfen dir, dich
zu verbessern.

66. Einwände? Danke!

Oft ist es sogar gut, wenn nicht alles zu glatt läuft – zum Beispiel, wenn dein Kunde Einwände hat: »Lieber Verkäufer, mit einer Sache bin ich noch nicht einverstanden ...« Wenn Einwände nämlich berechtigt sind, kannst du auf sie reagieren und dich verbessern: »Lieber Kunde, vielen Dank für Ihren Hinweis!« Und wenn sie falsch sind, kannst du die Einwände entkräften: »Lieber Kunde, gut dass Sie das ansprechen ...« Es wäre viel schlimmer, wenn dein Kunde einfach sagte »Ich überlege es mir ...« und dann nie wiederkäme! So aber teilt er dir ehrlich seine Bedenken mit. Also will er zwar kaufen, braucht aber vorher noch Informationen oder etwas Zeit. Nimm deswegen Einwände niemals persönlich! Sie können dir nur helfen.

Am besten spielst du vor dem Kauf in Gedanken schon mal alle Gesprächssituationen durch. Was passiert bei dieser und jener Gesprächswendung? Wie wirst du reagieren? Was wirst du sagen? Und dann findest du Lösungen für die häufigsten Einwände: kein Interesse, keine Zeit, kein Geld. Oder fallen Günter noch andere Einwände ein?

Einwände? Kein Problem:
einfach elegant widersprechen!

67. Der sanfte Widerspruch

Auch wenn du anderer Meinung bist als dein Kunde, solltest du ihm nicht allzu heftig widersprechen. Am besten kompensierst du seine Einwände in drei Schritten. Erster Schritt: Zeig Verständnis! Bestätige deinen Kunden oder lobe ihn sogar! »Gut, dass Sie das ansprechen. Ich verstehe Ihre Bedenken voll und ganz.« Zweiter Schritt: Leite elegant zu deiner Antwort über und begründe sie! »Und auf der anderen Seite haben Sie sicher schon bemerkt, dass …« Dritter Schritt: Hol dir für dein Gegenargument eine Bestätigung! »Sehen Sie das nicht auch so?«

Du kannst Einwände auch mit ein paar Rhetorik-Kniffen abfedern: »Gut, dass Sie das ansprechen. Gerade weil es so ist, kann man auf der anderen Seite …« Oder: »Sehen Sie, genau das wollte ich gerade ansprechen. Nur wenige wissen nämlich, dass man auch …« Und dann kommen deine Gegenargumente. Manche Einwände sind sogar nur Schein-Einwände, weil der Kunde gar nicht kaufen will. Also fragst du ihn einfach: »Was schlagen Sie stattdessen vor?« Und kritische Punkte solltest du ganz von selbst ansprechen. So merkt dein Kunde nämlich, dass du es ehrlich mit ihm meinst.

Wettbewerb?
Sieh's sportlich!

68. Die liebe Konkurrenz

Günter hält sich gerne für den Mittelpunkt der Welt. Dabei kauft dein Kunde vielleicht lieber woanders? Zum Beispiel bei deiner Konkurrenz. »Konkurrenz? Pfui Teufel!« Günter ärgert sich. Am liebsten hätte er alle Kunden der Welt nur für dich allein. Dabei ist deine Konkurrenz möglicherweise billiger, besser oder netter als du. Also warum nur bei dir einkaufen? Auch wenn es Günter gerne hätte: Der Mittelpunkt der Welt bist du wirklich nicht.

Du hast also Konkurrenz? Dann nimm es sportlich: Möge der Bessere gewinnen! Am besten bringst du alles Wichtige über deinen Mitbewerber – »Konkurrent« hört sich so despektierlich an – in Erfahrung: Ist er wirklich billiger, besser oder netter als du? Oder hat er nur gute Beziehungen in die Chefetagen? Nun, das kann man alles ändern: »Wir haben schon einen festen Lieferanten.« – »Wie würde Ihr Lieferant wohl reagieren, wenn Sie ein noch besseres Angebot bekämen?« – »Er würde vielleicht seinen Preis senken oder uns noch mehr anbieten.« – »Sehen Sie, dann darf ich Ihnen jetzt bestimmt mein Angebot unterbreiten?« Übrigens: Mach deine Mitbewerber vor den Kunden niemals schlecht! Das ist nicht fair und macht dich unsympathisch.

Ein Nein ist kein Grund, gleich die Flinte ins Korn zu werfen.

69. Ein Nein ist kein Nein!

Oft ist ein Nein auch gar kein Nein, sondern bedeutet eigentlich »vielleicht später« oder »unter anderen Voraussetzungen«. Vielleicht muss dein Kunde ja noch mal drüber schlafen? Oder er will sich mit seinem Lebensgefährten, seinem Chef oder seiner Sekretärin besprechen? Oder er muss auf irgendetwas anderes warten? Also gib nicht gleich auf, wenn dein Kunde nicht sofort kauft! Vielleicht sieht das schon bald ganz anders aus? Günter wird leider sehr schnell pessimistisch, denn er kennt das Gesetz der Quote nicht: Je mehr Versuche man braucht, desto wahrscheinlicher hat man beim nächsten Mal Erfolg! Hast du schon mal einen Sechserpasch gewürfelt? Das kann jeder – obwohl man dafür meist ein paar Würfe braucht.

Also, egal wie schwierig das Verkaufen erscheint: Mach auf jeden Fall weiter! Manchmal stolpert man, muss warten oder nimmt sogar einen Umweg. Wenn man sich vorher aber so richtig ins Zeug gelegt hat, macht der Erfolg hinterher doppelt so viel Spaß!

S = Situation

P = Problem

I = Implikationen

N = Notwendigkeit

70. Die Argumentations-Strategie

Unter Umständen musst du ein wenig in die Trickkiste greifen, um deine Kunden zu überzeugen: Du brauchst eine gute Argumentations-Strategie! Das bedeutet, dass du dir überlegen solltest, welches Argument du wann und in welcher Reihenfolge sagst. Eine sehr gute Strategie ist zum Beispiel die Reihenfolge »SPIN«. »S«, »P«, »I« und »N« stehen für »Situation«, »Problem«, »Implikationen« und »Notwendigkeit«.

Stellen wir uns doch mal vor, du willst einen Kunden mit der »SPIN«-Reihenfolge dazu bringen, Obst und Gemüse zu kaufen. Situation: Du erklärst zuerst, wie wichtig gesundes Essen ist. Problem: Leider ernähren sich die meisten Menschen zu ungesund – sie essen zum Beispiel zu wenig Obst und Gemüse. Implikationen: Dabei riskieren sie fiese Krankheiten wie Diabetes, Arteriosklerose oder Bluthochdruck. Notwendigkeit: Dein Kunde sollte sich also gesünder ernähren – zum Beispiel mehr Obst und Gemüse essen! Und weil du alles so schön hergeleitet hast, füllt sich der Einkaufskorb nun mit Äpfeln, Gurken, Möhren, Orangen, Paprika … Die »SPIN«-Reihenfolge kannst du übrigens fast immer anwenden, wenn du jemanden von etwas überzeugen willst. Dein Gespräch bekommt eine gute Dramaturgie und das Überzeugen fällt dir leichter.

Kleine Geschenke
erhalten die Kundschaft.

71. Erst geben, dann nehmen!

Dein Kunde ist immer noch nicht überzeugt?
Dann sollte er dein Produkt am besten erleben.
Lass es ihn also testen! Schließlich glaubt man
sich selbst immer mehr als fremden Worten. Und
wer dein Produkt einmal erleben durfte, der weiß
danach genau, was er in Zukunft haben will:
einen super Service, die neueste Technik oder ein
tolles Gefühl. Also musst du dem Kunden zuerst
etwas geben, damit du anschließend wieder etwas
nehmen kannst. Erst geben, dann nehmen – eine
schlaue Verkaufsstrategie!

Du kannst deinem Kunden sogar eine Kleinigkeit
schenken: ein paar Probeexemplare, Freikarten,
Rabatte oder was immer dir Nettes einfällt. Innere
Schweinehunde haben nämlich von klein auf gelernt, dass man sich für Geschenke revanchieren
sollte. Wenn du also etwas verschenkst, wird dein
Kunde nett zu dir sein wollen – sonst bekäme er
nämlich ein schlechtes Gewissen. Also wird er im
Gegenzug bei dir kaufen! Und weil er dann schon
mal dein Kunde ist, wird er auch gerne weiterhin
bei dir kaufen. Also erst geben, dann nehmen, und
gleich noch mal nehmen.

Günter ist ein Gewohnheitstier – und
deswegen ein treuer Kunde!

72. Einmal ist immer

Bis wir eine Kaufentscheidung treffen, überlegen wir
manchmal lange hin und her. Hinterher hoffen wir,
dass unsere Entscheidung richtig war. Also plappert
uns Günter nach dem Kauf gerne jede Menge Recht-
fertigungen vor: »Gut, dass du das Fahrrad gekauft
hast! Es hat nämlich eine moderne Gangschaltung,
ein tolles Design, einen bequemen Sattel ...« Und so
weiter. Günter wiederholt all die guten Gründe, und
wir werden unserer Sache immer sicherer: Bestimmt
haben wir das Richtige getan!

Innere Schweinehunde sind Gewohnheitstiere. Wenn
sie sich einmal auf eine bestimmte Weise entschieden
haben, entscheiden sie sich beim nächsten Mal meist
genauso. Wenn dein Kunde also schon einmal bei
dir gekauft hat, muss er in Zukunft nicht mehr lange
überlegen – schließlich hat sein innerer Schweinehund schon lauter gute Gründe für dich gesammelt.
Er kauft also auch das nächste Mal bei dir, das über-
nächste Mal und das überübernächste Mal – dein
Kunde wird zum Stammkunden. Warum sollte er sich
auch einen neuen Verkäufer suchen? Er ist von dir
überzeugt und will seine Überzeugung nicht mehr
infrage stellen. Also muss dein Kunde eigentlich nur
ein einziges Mal bei dir einkaufen! Dann klappt jedes
weitere Mal viel leichter.

»Alle meine Kunden sind
soooooo zufrieden!«

73. Die Meinung anderer Leute

»Okay, okay«, sagt Günter. »Motivation, richtiges Sprechen, Produktproben oder Geschenke. Und wer einmal dein Kunde ist, der wird auch in Zukunft dein Kunde bleiben.« Günter hat begriffen. Braver Schweinehund! Er denkt aufmerksam mit, obwohl innere Schweinehunde oft zu faul dazu sind. Denn das Denken überlassen sie gerne anderen Leuten, und dann passen sie ihre eigene Meinung einfach der herrschenden Meinung an. Denn wenn viele Menschen einer Meinung sind, wird die Meinung schon richtig sein – so viele Schweinehunde können sich schließlich nicht irren! Also glaubt jeder, die anderen hätten selbst nachgedacht, obwohl sie alle einfach nur etwas nachplappern, was ein Einziger mal geäußert hat. Seltsame Logik.

Zum Glück kannst du dir das beim Verkaufen zunutze machen: Erzähle deinen Neu-Kunden doch einfach von deinen vielen zufriedenen Alt-Kunden! Die Neu-Kunden hören dir aufmerksam zu und glauben dir jedes Wort – schließlich haben andere das auch schon getan. Und vielleicht erzählt auch dein Neu-Kunde gerne von dir? Zum Beispiel um ein bisschen anzugeben: »Seht mal, was ich mir Schönes gekauft habe!« So kannst du sogar deine Kunden für dich verkaufen lassen …

Nenne gute
Referenzen!
Sei sympathisch
und seriös!

74. Wichtige Sympathieträger

»Nicht schlecht!«, freut sich Günter. »So kannst du deine Neu-Kunden mit deinen Alt-Kunden überzeugen.« Ganz genau. Also nenn ein paar besonders zufriedene Alt-Kunden als Referenz! Bitte sie dafür um ein schönes Statement und schreib es auf deine Homepage oder in deine Geschäfts-Broschüre! Nun muss dein Neu-Kunde nicht mehr lange deine Glaubwürdigkeit überprüfen, sondern er glaubt dir, weil andere das auch schon getan haben. Ach ja: Und immer dann, wenn deine Referenzen besonders sympathisch oder besonders wichtig sind, glaubt dir dein Kunde doppelt so gerne. Denn sympathische und wichtige Leute haben meistens Recht – finden zumindest innere Schweinehunde.

Natürlich solltest du deswegen auch selbst sympathisch und wichtig erscheinen: Arbeite also an deinem offenen und freundlichen Auftreten und verwende einen imposanten Titel wie »Manager«, »Leiter« oder »Direktor«! Nenn auch deine akademischen Grade: Magister, Diplom, Doktor oder Professor – welchen Abschluss hast du? Und kleide dich seriös! Wer mit schickem Kostüm oder Anzug und Krawatte daherkommt, der sagt bestimmt die Wahrheit. Je nobler, desto besser. Desto teurer übrigens auch. Aber dazu kommen wir gleich noch …

Auch das beste
Angebot gilt nicht
ewig: Vorsicht,
Ausverkaufsgefahr und
Preissteigerung!

75. Der indirekte Zeitdruck

»Verkaufen, verkaufen!« Günter freut sich wie ein kleines Kind. Er kann deinen nächsten Kunden gar nicht abwarten, denn er will sein neues Wissen endlich ausprobieren. Doch dann fällt ihm mal wieder ein Problem ein: »Aber was ist denn, wenn sich dein Kunde trotzdem noch nicht zum Kauf entscheidet? Schließlich kannst du nicht ewig warten!« Das ist richtig, Günter. Also machst du dem Kunden nun ein bisschen Zeitdruck. Natürlich nicht direkt, indem du ihm etwa sagst: »Entscheide dich endlich!« Besser, du machst den Druck indirekt.

»Wie soll man denn indirekt Zeitdruck machen können?« Nun, zum Beispiel indem dein Produkt bald nicht mehr da ist oder in Kürze teurer wird! Also kauft es entweder ein anderer Kunde oder der Preis steigt – und das kannst du natürlich nicht verhindern. »Lieber Kunde, leider habe ich zu diesen Konditionen nur noch einige wenige Exemplare …« Dein Angebot gilt also nicht ewig! So ringt sich auch der zögerlichste innere Schweinehund schnell zum Kauf durch. Denn entweder kauft er heute noch sicher und günstig oder morgen unsicher und teuer. Wetten, dass dein Kunde lieber heute kauft?

Appelliere an den ganz
persönlichen Eigennutz
deines Kunden!

76. Jeder ist sich selbst der Nächste

»Darf ich dir auch mal einen Verkaufs-Tipp geben?« Nanu! Günter scheint ja wirklich sehr motiviert zu sein. »Also: Wende dich beim Verkaufen direkt an den inneren Schweinehund deines Kunden und appelliere dabei an seinen ganz persönlichen Eigennutz!« Ganz persönlicher Eigennutz? Was Günter wohl damit meint?

»Du bist aber schwer von Begriff!«, motzt Günter. »Stell dir zum Beispiel mal vor, du verkaufst Zeitungsanzeigen. Was hat dein Kunde eigentlich davon? Er bekommt durch die Anzeigen selbst mehr Kunden! Also nimmt seine Firma mehr Geld ein, sein Chef ist zufrieden und es winkt eine Umsatzbeteiligung oder sogar eine Beförderung! Und was bringt ihm das ganz persönlich? Mehr Erfolg, mehr Selbstbewusstsein und vielleicht einen Lebensgefährten, der stolz auf ihn ist! Der innere Kunden-Schweinehund hört solche schönen Gedanken sehr gerne. Also sag ihm doch einfach, was er hören will!« Gar nicht so dumm, der Tipp eines Schweinehundes ...

Damit das Verkaufen
einen Sinn hat, musst du
dabei Geld verdienen.

77. Das liebe Geld

Nach so viel Verkaufsmagie wenden wir uns nun einem anderen Thema zu: dem lieben Geld. »Auweia, jetzt geht's ans Eingemachte!« Günter macht sich wieder Sorgen. Mit Geld wollen innere Schweinehunde nämlich nichts zu tun haben. Zwar geben sie es sehr gerne aus, aber wo das Geld herkommt, ist ihnen egal. Dabei ist Geld sehr wichtig! Denn schließlich brauchst du auch Nahrungsmittel, Kleidung, Miete, Versicherungen, Rücklagen, Urlaub und Geschenke für deine Lieben. Und deine Firma muss Gehälter zahlen, Steuern, Abschreibungen und tausend andere Einzelpöstchen. Und außerdem muss sie einen Teil des Geldes wieder ins Geschäft investieren.

Langer Rede kurzer Sinn: Du solltest beim Verkaufen Gewinne machen! Also müssen deine Produkte einen vernünftigen Preis haben, der deine Kosten deckt, dir ein gutes Leben ermöglicht und die Zukunft finanziert. Aber auch dein Kunde will seine Kosten decken, ein gutes Leben führen und seine Zukunft finanzieren. Und während du zu einem möglichst hohen Preis verkaufen willst, will dein Kunde nur wenig bezahlen. Aber bist du zu billig, bist du bald weg. Und bist du zu teuer, ist bald dein Kunde weg. Also brauchst du einen Preis, der beide Seiten zufrieden stellt. Nur: Wie findet man so einen Preis?

Rechne deine Kosten aus und addiere dazu, was du verdienen möchtest! Berücksichtige dabei Qualität, Bekanntheit, Hochwertigkeit und deine Konkurrenz!

78. Der gute Preis

Um einen guten Preis zu finden, gehst du am besten schrittweise vor: Rechne zunächst all deine Kosten aus! Dann addierst du den Betrag dazu, den du verdienen möchtest. So erhältst du deinen Wunschpreis. Nun vergleichst du deinen Wunschpreis mit den Preisen der Konkurrenz: Sind deine Mitbewerber teurer oder günstiger als du? Warum? Worin unterscheidet sich euer Angebot? Worin bist du besser? Und worin schlechter? Sei bei deinem Vergleich schonungslos ehrlich! Schon manche Schweinehunde haben sich ihr Produkt lange Zeit schöngeredet – und dann waren sie plötzlich nicht mehr da.

Also: Welche Qualität verkaufst du? Was hast du deinen Kunden wirklich zu bieten? Je besser du bist, desto mehr kannst du verlangen – schließlich hat Qualität ihren Preis! Aber woher wissen deine Kunden, dass du gute Qualität bietest? Vertrittst du eine bekannte Marke oder erscheinst du besonders nobel und hochwertig? Dann steigert das deinen Preis. Falls du aber noch unbekannt bist oder ein ganz neuartiges Produkt einführst, solltest du den Preis zunächst etwas niedriger ansetzen. So probiert man dein Produkt gerne mal aus und kann sich persönlich von deiner Qualität überzeugen.

Verdient dein Kunde durch
dein Produkt Geld?
Dann rechne aus, wie viel!

79. Der echte Wert

Günter hat aufmerksam zugehört. »Du rechnest
also zuerst deine Kosten aus, addierst dazu, was
du verdienen willst, vergleichst dich dann mit der
Konkurrenz und berücksichtigst schließlich noch,
wie gut, wie bekannt und wie hochwertig du bist.«
Braver Günter! Aber ein wichtiger Aspekt fehlt uns
noch: Was verdient dabei eigentlich dein Kunde?

Mit manchen Produkten kann dein Kunde nämlich selbst ordentliche Gewinne erwirtschaften –
zum Beispiel mit originellen Werbeaktionen, einer
guten Unternehmensberatung oder mit neuen
Maschinen. Falls du also etwas verkaufst, was dem
Kunden Geld einbringt, dann rechne dir vorher
aus, wie viel! Denn je mehr dein Kunde dank dir
erwirtschaften kann, desto mehr kannst du für
dein Produkt verlangen. Es bekommt nun einen
echten, messbaren Wert. Natürlich solltest du dem
Kunden diesen Wert genau vorrechnen können:
Ab wann hat sich der Preis für ihn amortisiert?
Und wie viel kann dein Kunde damit verdienen?
Also, keine Angst vor hohen Preisen – sie müssen
sich eben nur rechtfertigen lassen! Und mancher
Kaufpreis zahlt sich vielfach zurück …

Verwende gute
Schwellenpreise
und hohe
Preiskontraste!

80. Kleine Preis-Tricks

Mittlerweile weißt du, was dein Produkt wert ist. Ist dein Wunschpreis also realistisch? Vielleicht solltest du ja etwas günstiger werden? Oder sogar ein bisschen teurer? Möglicherweise wendest du aber noch einen kleinen Trick an, bevor du deinen Preis endgültig festsetzt – zum Beispiel den Trick mit den Schwellenpreisen: »149 Euro« klingt nämlich günstiger als »150 Euro«. Und »136,50« klingt besser als »149«, denn es wirkt so, als hättest du bei 136,50 exakter kalkuliert. Also kannst du auch gleich 186,50 Euro verlangen! Das liegt nämlich näher an 200 Euro dran, und dein Kunde freut sich über das vermeintliche Schnäppchen. Dabei holst du in Wirklichkeit 36,50 Euro heraus …

Du kannst aber auch den Kontrast-Trick anwenden. »Den Kontrast-Trick?«, wundert sich Günter. »Was ist denn das?« Ganz einfach: Stell dir vor, du verkaufst zwei Produkte. Für das eine verlangst du 10 Euro und für das andere 20 Euro. Weil deinen Kunden aber 20 Euro zu teuer erscheinen, kaufen sie lieber nur für 10 Euro. Also brauchst du zu den 20 Euro einen möglichst hohen Kontrastpreis: Du führst einfach ein Luxusprodukt ein, für das du satte 50 Euro verlangst! Im Vergleich dazu erscheinen die 20 Euro nun günstig. Und weil deine Kunden keinen billigen 10-Euro-Ramsch haben wollen, greifen sie jetzt sehr gerne zu deinem 20-Euro-Produkt – genau wie von Anfang an geplant.

Verpacke deinen Preis in ein
Nutzen-Preis-Nutzen-Sandwich!

81. Das ist mein Preis!

Kennst du deinen Preis jetzt? Dann sollte ihn auch dein Kunde erfahren. Am besten verpackst du den Preis in ein Rhetorik-Sandwich zwischen zwei Aussagen, die auf einen Nutzen hinweisen: »Damit Sie auf der Hochzeit schöne Fotos machen können, investieren Sie in diese Kamera 587 Euro. Das Brautpaar wird ihnen dafür dankbar sein!« Also erst ein Nutzen, dann der Preis und anschließend gleich wieder ein Nutzen. Die hässlichen Worte »Kosten« oder »Preis« werden zur »Investition« oder zum »Betrag«. Und du formulierst wieder positiv, kundenorientiert und bildhaft.

Falls dir dein Preis übrigens sehr teuer erscheint, bekommt Günter gerne Skrupel und verunsichert dich: »So viel kannst du doch nicht verlangen!« Am besten sagst du dir deinen Preis also selbst immer wieder vor: »Das macht 100 000 Euro. Das macht 100 000 Euro. Das macht 100 000 Euro.« Schon bald hat sich Günter daran gewöhnt und der 100 000-Euro-Preis kommt dir flüssig über die Lippen. Und achte darauf, dass deine Zahlen immer möglichst klein klingen! Du sagst also »zwölfhundert« anstatt »eintausendzweihundert«. Und wenn du kannst, verteilst du den Gesamtbetrag auf lauter kleine Portionen: »Bei zwölf Monaten Laufzeit macht das monatlich gerade mal 100 Euro.« Nur 100 Euro? Was für ein günstiger Preis!

Nutzen und
Qualität sind
wichtiger
als der Preis!

82. Zu teuer? Aber nein!

Manchmal will dich dein Kunde im Preis drücken: »Lieber Verkäufer, dein Produkt ist mir zu teuer! Ich kaufe erst, wenn du mir einen Rabatt gewährst.« Günter lässt sich davon leider gerne beeindrucken und drängt dich dazu, mit dem Preis runterzugehen. Aber du darfst nicht mit Verlust verkaufen! Sonst wärst du nämlich ziemlich dumm und würdest vielleicht sogar den Ruin deiner Firma riskieren. Also lass dich nicht verunsichern: Niemand gibt gerne Geld aus, obwohl alles Geld kostet. Aber nicht der Preis ist das Wichtigste, sondern Nutzen und Qualität! Und viele Kunden sind sogar stolz darauf, einen hohen Preis zu bezahlen, denn ihr innerer Schweinehund gönnt sich gerne etwas Gutes ...

Wenn dein Kunde also den Preis drücken will, gehst du in die Offensive: Erklär ihm, warum du deinen Preis wert bist! Bietest du einen außergewöhnlichen Service? Oder ein günstiges Produktionsverfahren? Oder die besten Klamotten der Stadt? Dann musst du für deine Qualitätsware natürlich auch einen realistischen Preis verlangen: »Lieber Kunde, gerade weil ich so teuer bin, solltest du bei mir kaufen!« Du untermauerst deine Position, und der Kunde merkt, dass du jeden Cent wert bist. Du hast also nichts zu verschenken.

Bei Verhandlungen
muss jeder ein bisschen
gewinnen.

83. Die Preisverhandlung

Wenn dein Kunde immer noch nicht einlenkt, bahnt sich wohl eine Preisverhandlung an. »Eine Preisverhandlung? Oh, Gott!« Lieber Günter, keine Bange: Schließlich will dein Kunde das Produkt gerne haben – sonst würde er kaum mit dir verhandeln wollen. Also geh doch einfach schon mal davon aus, dass dein Kunde auf jeden Fall kauft! So kannst du beim Verhandeln optimistisch und locker sein.

Bei einer Verhandlung prallen zwei unterschiedliche Positionen aufeinander: in diesem Fall die des Verkäufers und jene des Kunden. Beide wollen das Optimale für sich herausholen: der Verkäufer seinen guten Preis und der Kunde einen Rabatt. Dabei stehen sich aber nicht nur zwei Menschen gegenüber, sondern auch zwei empfindliche innere Schweinehunde. Also darf sich kein Verhandlungspartner über den Tisch gezogen fühlen – denn sonst wäre die gute Beziehung zu Ende, und du würdest den Kunden nie wiedersehen. Deshalb achte darauf, dass jeder sein Gesicht wahren kann! Am besten betrachtest du eine Verhandlung als ein Spiel, bei dem beide ein bisschen gewinnen müssen. So können Verhandlungen sogar richtig Spaß machen!

Willst du dem Kunden
entgegenkommen?
Dann bei den Leistungen,
nicht beim Preis!

84. Deine Leistungen

Nehmen wir an, der Kunde begründet, warum er dein Produkt für zu teuer hält: Vielleicht hat er zu wenig Budget? Oder deine Mitbewerber sind günstiger? Oder er zweifelt noch am Nutzen? Wenn dir der Kunde sehr wichtig ist, kommst du ihm nun einen Schritt entgegen – allerdings nicht beim Preis, sondern bei deinen Leistungen!

Zähle alle Leistungen auf, die zum Geschäft dazugehören, und dann frag den Kunden, worauf er für einen Preisnachlass am ehesten verzichten kann! Sollst du deinen Service zurückdrehen? Oder an der Verpackung sparen? Kannst du die Lieferzeiten verlangsamen? Oder bestimmte Garantien zurücknehmen? Wobei darfst du also Abstriche machen, damit du dem Kunden entgegenkommen kannst? – Einerseits zeigst du mit dieser Strategie, dass du gerne helfen willst. Andererseits aber auch, dass dein eigener Spielraum begrenzt ist und du nur dann Zugeständnisse machen kannst, wenn dir auch dein Kunde einen Schritt entgegenkommt. Würdest du stattdessen sofort den Preis senken, müsste dein Kunde leider annehmen, dass dein erstes Angebot überteuert war. Und das würde ihn ärgern und eure gute Beziehung stören.

Such dir Verbündete im Team deines Kunden! Und versichere dich der Rückendeckung deines Vorgesetzten!

85. Heimliche Verbündete

Fast jeder Einkäufer arbeitet mit einem Team von Mitarbeitern zusammen, die Einfluss auf ihn ausüben. Also such dir im Umfeld deines Kunden heimliche Verbündete! Vielleicht den Betriebsrat, die Sekretärin oder den Lebensgefährten? »Mit dieser Maschine wird Ihre Abteilung große Gewinne machen!« Oder: »Mit diesem Auto haben Sie nie wieder Parkplatzprobleme!« Sekretärin und Kollegen träumen nun von sicheren Arbeitsplätzen und der Lebensgefährte vom Einparken. Wetten, dass sie deinem Kunden zum Kauf raten?

Möglicherweise dreht dein Kunde den Spieß aber auch um: Er zweifelt an deiner Entscheidungskompetenz und will deinen Chef sprechen – vielleicht um euch beim Preis gegeneinander auszuspielen? Kein Problem, denn darauf bist du vorbereitet: Du hast mit deinem Vorgesetzten längst alle Eventualitäten durchgesprochen. Du genießt seine volle Rückendeckung und bist die letzte Verhandlungsinstanz – dein Kunde muss auch weiterhin mit dir vorlieb nehmen.

Zugeständnisse
beim Preis?
Nur in kleinen
Schritten!

86. Zugeständnisse

Besteht dein Kunde immer noch auf einer Preissenkung? Dann mach dir deine Schmerzgrenze klar: Ab wann würde sich das Geschäft nicht mehr lohnen? Und unter welchen Umständen könntest du es eingehen, obwohl du dabei nur sehr wenig Profit machst? Winken etwa lukrative Folgeaufträge? Oder kannst du eine höhere Stückzahl verkaufen? Ist dein Kunde besonders bekannt, und gibt er eine prima Referenz ab? Wenn es also unbedingt sein muss …

Aber Vorsicht: Geh mit den Preisen immer nur in kleinen Schritten runter! Stell dir vor, dein Wunschpreis läge zunächst bei 100 Euro und deine absolute Schmerzgrenze bei 80 Euro. Würdest du dem Kunden nun gleich 20 Euro Preisnachlass bieten, müsste er denken, dass du noch weiter heruntergehen kannst: vielleicht auf 60 Euro? Oder sogar auf 50 Euro? Also würde er weitere Nachlässe fordern, obwohl du längst auf dem Zahnfleisch gehst. Besser verlangst du erst mal 95 Euro! Will dein Kunde jetzt weiterhandeln, hast du dir einen Spielraum bewahrt. Und falls ihr euch auf 95 Euro einigt, machst du immer noch einen Gewinn, obwohl dich dein Kunde herunterhandeln konnte – so freut ihr euch beide über den Kompromiss! Übrigens: Falls dein Kunde nun jedes Mal verhandeln will, erhöhst du beim nächsten Mal natürlich den Einstiegspreis.

Schlechte Geschäfte?
Nicht mit mir!

87. Bis hierher und nicht weiter!

Wenn der Kunde deine Schmerzgrenze erreicht hat, solltest du ihm das sagen: »Lieber Kunde, bis hierher und nicht weiter!« Am besten zeigst du dabei eine deutliche Körpersprache, wie Erschrecken, Erstaunen oder sogar ein bisschen Abweisung. Falls der Kunde jetzt immer noch weiterverhandelt, lehnst du das Geschäft freundlich, aber bestimmt ab. Denn eine langfristige Zusammenarbeit ist dir wichtiger als das schnelle Geschäft – und zum Spottpreis kannst du deine Zusagen nicht einhalten.

Mach keine Geschäfte um jeden Preis! Manchmal musst du als Verkäufer einfach »Nein« sagen. Damit untermauerst du deinen Wert, und ein Schritt zurück sind oft zwei Schritte nach vorne: Vielleicht will dein Kunde ja jetzt erst recht kaufen? Aber selbst wenn er vor deiner Ablehnung zurückschreckt: Reiche dem Kunden weiterhin die Hand und signalisiere ihm deine grundsätzliche Gesprächsbereitschaft! Betone eure Gemeinsamkeiten und bisherigen Gesprächserfolge! Und versichere ihm, dass sich auch eure verbliebenen Differenzen noch klären lassen! Vielleicht könnt ihr ja über andere Formen von Zugeständnissen sprechen? Zum Beispiel bei den Lieferbedingungen oder Zahlungsmodalitäten? Ihr werdet euch sicher noch einigen.

Mach auch mal Pause!
Und dann weiter mit
neuen Argumenten …

88. Der tote Punkt

Manchmal kommen Verhandlungen an einen toten Punkt. Trotz aller Mühe scheint man festzustecken und findet anscheinend keine Einigung. Aber keine Sorge: Hätte dein Kunde kein Interesse, wärt ihr längst nicht so weit gekommen. Am besten lasst ihr nun einfach etwas locker. Macht eine Pause und geht ein wenig an die frische Luft! Vielleicht vertretet ihr euch die Beine? So baut sich das Adrenalin ab und ihr bekommt wieder einen freien Kopf. Und wenn deine Kunden zu zweit sind, können sie sich nun endlich untereinander beraten. Bestimmt findet ihr bald eine Lösung!

Falls sich dein Kunde aber zu viel Zeit lässt, wachsen in der Zwischenzeit wahrscheinlich seine Zweifel. Also bleib am Ball und frag nach, wo ihn der Schuh drückt! Hat er dir seine Situation wirklich schon genau erklärt? Vielleicht muss er ja selbst noch irgendeine höhere Instanz überzeugen: ein Gremium, einen Ausschuss oder seinen Chef? Dann liefere ihm dafür weitere gute Argumente! Vielleicht kannst du mit den entscheidenden Personen sogar persönlich sprechen?

Wenn's bei
diesem Geschäft
nicht klappt,
klappt es sicher
beim nächsten
Mal!

89. Die letzte Runde

Eure Preisverhandlung geht nun in die letzte Runde. Gleich wird sich zeigen, ob ihr euch einigen könnt. Vielleicht findet ihr einen Kompromiss? Frag den Kunden ganz offen, welchen Preis er dir zahlen will: »Was möchten Sie denn ausgeben? Was halten Sie für realistisch?« So erfährst du, was ihm das Geschäft wirklich wert ist und ob du sein Angebot akzeptieren kannst. Aber Achtung: Sag darauf erst mal gar nichts, sondern schweig eine Weile! Denn wer jetzt zuerst spricht, hat meist verloren: »Okay, okay. Dann gehe ich eben noch einen Schritt auf Sie zu.«

Falls du das Angebot deines Kunden aber ablehnen musst, solltest du dabei eine weiße Weste bewahren. Vielleicht begründest du die Ablehnung nun selbst mit einer höheren Instanz, deren Entscheidungen du nicht beeinflussen kannst: ein hohes Gremium, wichtige Statuten oder strenge Vorgesetzte … Das wird dein Kunde akzeptieren müssen. Falls er deine Bedingungen nun immer noch nicht annimmt, soll es eben nicht sein. Alles kein Beinbruch: Vielleicht klappt es ja beim nächsten Mal? Oder aber beim nächsten Kunden? Sei ein guter Verlierer!

Achte auf die Kaufsignale
deines Kunden. Und dann
schließ den Kauf zügig ab!

90. Der Abschluss

Wenn sich dein Kunde mit dir einigen will, wird er dir das jetzt zeigen: Er lächelt, reicht dir die Hand oder zückt einfach seinen Geldbeutel. Prima! Offensichtlich ist er mit deinen Bedingungen einverstanden und nimmt dein Angebot an. Also schlag ein und freu dich darüber, aber setz dabei bloß kein arrogantes Gewinnerlächeln auf! Sonst gibt er sich beim nächsten Mal nämlich nicht mehr so leicht zufrieden – falls es überhaupt ein nächstes Mal gibt ...

Aber weil du dir vorher so viel Mühe gegeben hast, hat sich dein Kunde wahrscheinlich längst zum Kauf entschieden – und zwar viel schneller und ganz ohne Verhandlung. Also achte auf die Kaufsignale deines Kunden! Will er das Produkt gerne haben und braucht er es dringend? Hat er den Nutzen erkannt und freut er sich schon darauf? Habt ihr all seine Einwände besprochen und darf er den Kauf selbst entscheiden? Dann ist die Situation reif für den Abschluss: Dein Kunde will jetzt kaufen!

Zum Kauf entschieden?
Gut gemacht, lieber Kunde!

91. Eine gute Entscheidung!

Du merkst, dass dein Kunde kaufen will? Dann hör unverzüglich mit dem Argumentieren auf – schließlich hast du ihn schon überzeugt! Würdest du dein Produkt jetzt weiter anpreisen, ginge ihm das bald auf die Nerven und sein innerer Schweinehund würde sogar misstrauisch: »Warum will mich der Verkäufer immer noch überreden? Hat er vielleicht etwas zu verbergen?«

Dein Kunde will jetzt nicht mehr hören, warum er kaufen soll, sondern braucht ein bisschen Lob und Bestätigung: »Lieber Kunde, herzlichen Glückwunsch! Du hast genau die richtige Wahl getroffen.« Das schmeichelt seinem inneren Schweinehund und der Kunde freut sich. Vielleicht gewährst du ihm noch ein kleines Extra-Bonbon: einen Sonder-Service, einen Freundschafts-Rabatt oder eine Produkt-Zugabe? Dann freut er sich noch mehr und auch sein innerer Schweinehund plappert ihm fleißig vor, warum seine Entscheidung richtig war: »Das hast du wirklich gut gemacht. Du hast ein super Produkt gekauft und sogar noch etwas geschenkt bekommen!« Oh ja, kaufen ist schön.

Ein erfolgreicher Abschluss
ist der ideale Zeitpunkt für
Zusatzverkäufe.

92. Zusatzverkäufe? Jetzt!

Die meisten Produkte kann man mit irgendetwas kombinieren: Hemden mit Hosen, Urlaube mit Versicherungen und Maschinen mit Serviceverträgen. Daher wird es Zeit für einen kleinen Zusatzverkauf! Wann wäre dafür ein besserer Zeitpunkt als beim erfolgreichen Verkaufsabschluss? Anspannung und Unsicherheit sind einer tiefen Zufriedenheit gewichen. Dein Kunde fühlt sich hervorragend – er schwelgt gewissermaßen in der idealen Käufer-Stimmung. Also: Was hast du gerade verkauft? Und womit kann man das wohl kombinieren?

Willst du mehrere Produkte verkaufen, dann fang immer mit dem teuersten an: Wer zuerst 500 Euro bezahlt, dem erscheinen danach 100 Euro günstig. Und wenn das dritte Produkt nur 20 Euro kostet, ist der Preis kaum der Rede wert. Würdest du aber zuerst ein 20-Euro-Produkt verkaufen und hinterher eines für 100 Euro, hätte dein Kunde mit dem Preis ein Problem – und ganze 500 Euro würde er dann sicher nicht mehr ausgeben!

Was habt ihr besprochen?
Wie wollt ihr verbleiben?
Wann seht ihr euch wieder?
War dein Kunde zufrieden?
Empfiehlt er dich weiter?
Dann vielen Dank, und bis
bald!

93. Auf Wiedersehen!

Endlich bist du am Ziel: Dein Kunde hat etwas Schönes gekauft und freut sich darüber. Nun solltest du das Gespräch aber nicht gleich abwürgen oder gar einfach so weggehen – schließlich braucht ihr auch einen guten Gesprächsabschluss. Also fass die wichtigsten Punkte noch mal kurz zusammen und kläre euren konkreten Verbleib: Was habt ihr besprochen? Wer macht was bis wann? Und wo seht ihr euch das nächste Mal wieder?

Zum Schluss fragst du den Kunden noch, ob er mit allem einverstanden ist, und bittest ihn um Weiterempfehlungen an seine Geschäftspartner und Freunde. Vielleicht gibt er dir sogar ein paar Adressen? Dann bietest du ihm deine Hilfe an, falls weitere Fragen oder gar Probleme auftauchen: »Ich bin auch in Zukunft immer für Sie da!« Du bedankst dich, gibst dem Kunden noch deine Visitenkarte und verabschiedest dich freundlich: »Lieber Kunde, vielen Dank für Ihren Einkauf! Es war schön, mit Ihnen Geschäfte zu machen. Ich würde mich freuen, Sie bald wiederzusehen.« Jetzt verabschieden sich auch eure inneren Schweinehunde voneinander – und Günter hat einen neuen Freund gewonnen.

Nicht vergessen: Aufträge
nachbereiten und
Versprechen halten!

94. Nach dem Kauf ist vor dem Kauf

Dein Kunde hat also bei dir gekauft? Prima! Dann wird er bestimmt auch das nächste Mal wieder bei dir kaufen. Allerdings nur unter der Voraussetzung, dass du keine leeren Versprechungen gemacht hast ... Also: Was wolltest du bis wann erledigen? Welche Lieferbedingungen hattet ihr vereinbart? Wem musst du noch Bescheid sagen? Fang am besten gleich mit der Nachbereitung an!

Manche Verkäufer versprechen ihrem Kunden ja gerne das Blaue von Himmel herunter. Sobald er aber wieder weg ist, scheinen sie alles vergessen zu haben. Wie dumm, denn so etwas merken sich Kunden natürlich! Und weil Kunden meist zusammenhalten, warnen sie sich schon bald gegenseitig: »Bei Günter solltest du nichts kaufen, der ist nämlich ein unzuverlässiger Schwätzer.« Also halte immer all deine Versprechen und achte auf deinen guten Leumund! Am besten rufst du deinen Kunden einfach mal zwischendurch an: »Sind Sie mit meinem Service noch zufrieden?« So bist du auch nach dem Kauf noch für ihn da und kannst eventuellen Ärger im Keim ersticken. Denn schon bald wird das Produkt wieder veraltet sein und dein Kunde wird (von dir) etwas Neues haben wollen, denn: nach dem Kauf ist vor dem Kauf.

Produkt und Service okay?
Guter Kontakt da?
Gratulation zum neuen
Stammkunden!

95. Einmal Kunde, immer Kunde

Du willst also einen neuen Stammkunden? Kein Problem: War dein Kunde mit dem Produkt zufrieden? Konntest du alle zugesagten Leistungen einhalten? Bist du auf dem aktuellen Stand von Wissenschaft und Technik? Bietest du immer ein bisschen mehr als verlangt? Stimmt die Ersatzteilversorgung? Ist dein Service preiswert? Und hast du den Kunden hinterher nicht geärgert? Dann hast du womöglich einen Kunden fürs Leben gewonnen – schon bald kannst du deine Geschäfte mit ihm auf dem Golfplatz machen! Übrigens: Dort laufen auch andere potenzielle Kunden herum …

Natürlich kannst du die Kundenbindung weiter festigen: zum Beispiel mit regelmäßigen Briefen, Rabatten für Stammkunden, Grußkarten oder kleinen Weihnachts-, Oster- und Geburtstagsgeschenken. Und auch in schlechten Zeiten solltest du den Kontakt nie abreißen lassen – denn wenn die Zeiten wieder besser werden, bekommst du sicherlich neue Aufträge. Aber würdest du deinen Kunden überhaupt wiedererkennen? Weißt du noch, welche Geschichten er dir beim letzten Mal erzählt hat? Und erinnerst du dich an seine Vorlieben und Abneigungen? Prima, das wird ihm schmeicheln! Und falls dein Gedächtnis öfter mal streikt, helfen dir Karteikarten oder eine gute Datenbank: Nach jedem Kundenkontakt schreibst du einfach ein paar Stichworte fürs nächste Mal auf.

Bei Reklamationen:

1) Dampf ablassen
2) Verständnis und Entschuldigung
3) Problem präzisieren
4) Problem lösen
5) Kunde zufrieden?
6) Neugeschäft!

96. Reklamationen? Kein Problem!

Trotz aller Mühe geht manchmal etwas daneben: das Produkt hat Mängel, der Service streikt oder es gibt irgendwelche anderen Probleme. Klar, dass dein Kunde dann unzufrieden ist und reklamiert: »Hallo Verkäufer, hier stimmt etwas nicht!« Was solltest du jetzt tun? Dem Kunden gut zuhören und Verständnis zeigen – egal, ob er Recht hat oder nicht! Am besten legt sich Günter dabei ergeben auf den Bauch, schaut deinen Kunden mit unschuldigen Kulleraugen an und wedelt mit seinem Ringelschwanz. Kann man ihm jetzt noch böse sein? Natürlich nicht!

Wenn dein Kunde also sauer ist, soll er erst mal Dampf ablassen. Dann entschuldigst du dich ohne Wenn und Aber: »Lieber Kunde, es tut mir sehr Leid, dass Sie solche Unannehmlichkeiten hatten! Ich kann Ihren Ärger gut verstehen ...« Nun fragst du präzise nach, wo das Problem genau gelegen hat, analysierst die Ursachen und sagst dem Kunden deine Hilfe zu: »Lieber Kunde, ich werde das sofort für Sie erledigen!« Wenn das Problem behoben ist, fragst du, ob er nun zufrieden ist oder ob er noch weitere Beschwerden hat. Und wenn ihr alles klären konntet, versuchst du gleich ein neues Geschäft abzuschließen! »Lieber Kunde, kennen Sie eigentlich schon unser aktuelles Angebot?« Weil dein Kunde ja jetzt nicht mehr sauer ist, hört er dir aufmerksam zu ...

Ein Team ist
erfolgreicher als ein
Einzelkämpfer.

97. Dein Team

Manche Verkäufer konzentrieren sich so sehr auf ihre Kunden, dass sie dabei ihr eigenes Team vergessen. Aber Einzelkämpfer gehören in den Dschungel und nicht in den Verkauf! Sie verursachen nämlich lauter lästige Probleme: unrealistische Versprechungen, mangelhafte Nachbereitung oder verschlampte Daten – leider alles zulasten der Kunden. Also stimm dich möglichst oft mit deinem Team ab und achte auf die Wünsche deiner Kollegen! In einem guten Team weiß jeder über aktuelle Vorgänge Bescheid und alle strengen sich füreinander an.

Auch andere Dinge kannst du am besten im Team lösen: Wenn deine Kunden in verschiedenen Regionen ansässig sind und du unmöglich überall gleichzeitig sein kannst, dann engagiere doch einen externen Mitarbeiter! Vielleicht einen motivierten Handelsvertreter, der in der Gegend deines Kunden lebt und sich gut mit deinen Produkten auskennt? Wenn ihn dein Kunde als Ansprechpartner akzeptiert, kann dich dein Mitarbeiter zeitweilig vertreten – obwohl er dich natürlich nicht ersetzen soll! Denn wer will schon gerne auf Günter verzichten?

Konzentriere dich auf
gute Kunden!

98. Guter Kunde, schlechter Kunde?

Trotz aller Kundenorientierung: Manche Kunden sind besser als andere – vor allem, wenn sie bei geringem Aufwand viel Ertrag einbringen, fleißig Folgeaufträge abschließen, unkompliziert zu betreuen sind und lauter nette innere Schweinehunde haben. Solche Kunden hat Günter gerne. Andere wiederum sind ihm unsympathisch: Sie sind unhöflich, binden viel Zeit, bringen kaum Gewinne ein und reklamieren ständig – sie machen also dauernd Ärger. Deshalb überleg dir von Zeit zu Zeit, welche Kunden du wirklich haben willst und welche nicht! Und dann zieh daraus deine Konsequenzen: Konzentriere dich nur auf deine Lieblingskunden! So verschleuderst du nicht deine Energien und Günter macht das Verkaufen mehr Spaß. Lieber leicht verdiente als schwer verdiente 1000 Euro!

Du kannst deine Kunden zum Beispiel in die Kategorien A, B oder C einteilen: A-Kunden bringen etwa 70 Prozent deines Gewinnes bei 10 Prozent deines Einsatzes. B-Kunden dagegen nur 20 Prozent Gewinn bei 20 Prozent Einsatz und C-Kunden erwirtschaften gerade mal 10 Prozent bei stolzen 70 Prozent Einsatz. Also konzentriere dich vor allem auf deine A-Kunden – obwohl sich auch B- und C-Kunden noch zu A-Kunden entwickeln können und du deshalb immer ein wachsames Auge auf sie hast …

Verkäufer dürfen Fehler machen,
denn Fehler sind zum Lernen da!

99. Aus Fehlern lernen

Obwohl sich Günter mittlerweile viel Mühe gibt, machst du beim Verkaufen noch manchmal Fehler. Kein Problem, denn aus Fehlern kann man lernen – wie auch aus Büchern, bei Seminaren oder von erfahrenen Kollegen. Und dann heißt es eben üben, üben, üben … Aber Achtung: Manche Geschäfte platzen wegen deiner Kunden und nicht wegen dir. Also bleib locker! Besessenheit ist ein Motor, Verbissenheit eine Bremse. Und Verkäufer, die zu perfekt sein wollen, wirken schnell aalglatt oder sogar schleimig. Also lass auch mal fünf gerade sein und gönn dir ruhig deine persönliche Note! Schließlich bist auch du nur ein ganz normaler Mensch mit ganz normalen Stärken und Schwächen. Das macht dich sympathisch und sympathische Menschen sind die besten Verkäufer überhaupt!

Nur in einem Fall wird das Verkaufen schwierig: wenn dein Produkt fehlerhaft ist oder eine schlechte Qualität hat! Denn schlechte Produkte schaden den Kunden, und das schadet deiner Freude und Motivation. Also sorge dafür, dass die Fehler behoben werden und die Qualität verbessert wird! Und wenn das nicht geht, solltest du dir schleunigst ein anderes Produkt suchen.

Günter ist jetzt
ein ausgebildeter
Verkäufer.
Jetzt weiß er
wirklich, wie
man erfolgreich
verkauft.

100. Günter, der Verkäufer

Das ist Günter. Günter ist dein innerer Schweine-hund. Er lebt in deinem Kopf und bewahrt dich vor allem Übel dieser Welt. Immer, wenn du etwas Neues lernen oder dich mal anstrengen musst, ist Günter zur Stelle: »Lass mich dir helfen!«, sagt er dann oder »Das schaffen wir schon!«. Und weil Günter mittlerweile genau weiß, wie man gut verkauft, freut er sich auf jeden Kunden: »Lieber Kunde, hierher! Ich hab da was für Sie ...« Er be-achtet einfach ein paar Regeln und hat Erfolge, aus denen neue Erfolge werden ... und neue Erfolge ... und neue Erfolge ...

Günter weiß aber auch, dass man neue Kenntnisse immer wieder auffrischen muss: Also lies dieses Buch gleich noch mal durch! So wiederholst du die wichtigsten Regeln und kannst sie besser in die Tat umsetzen. Denn nicht das Wissen bringt den Erfolg, sondern vor allem das Tun! Schon bald ist dir das Verkaufen so sehr in Fleisch und Blut übergegangen, dass du Vegetariern tatsächlich Salami verkaufen könntest! Und weil Günter so gute Ratschläge gibt, bekommt er täglich seine Streicheleinheiten und darf auch weiterhin fleißig verkaufen.

Buchtipps

Arden, Paul: It's not how good you are, it's how good you want to be. The worlds best-selling book. London, New York: Phaidon Press Limited, 2003

Baum, Thilo: 30 Minuten für gutes Schreiben. Offenbach: GABAL, 2004

Braun, Roman: Die Macht der Rhetorik. Besser reden – mehr erreichen. München: Piper, 2003

Cialdini, Robert B.: Die Psychologie des Überzeugens. Ein Lehrbuch für alle, die ihren Mitmenschen und sich selbst auf die Schliche kommen wollen. Bern, Göttingen, Toronto, Seattle: Hans Huber, 2002

Clason, George S.: Der reichste Mann von Babylon. Erfolgsgeheimnisse der Antike. Der erste Schritt in die finanzielle Freiheit. München: Goldmann, 2002

Edmüller, Andreas & Wilhelm, Thomas: Manipulationstechniken. Erkennen und abwehren. München: Haufe, 1999

Fischer, Claudia: Telefonsales. Offenbach: GABAL, 2003

Frädrich, Stefan: Günter, der innere Schweinehund. Ein tierisches Motivationsbuch. Offenbach: GABAL, 2004

Frädrich, Stefan: Luft! Ganz einfach Nichtraucher. München: Droemer-Knaur, 2004

Gitomer, Jeffrey: The Little Red Book of Selling. 12,5 Principles of Sales Greatness. How to make sales forever. Austin/Texas: Bard Press, 2004

Greene, Robert: Die 24 Gesetze der Verführung. München, Wien: Carl Hanser, 2002

Greene, Robert: Power. Die 48 Gesetze der Macht. München: dtv, 2001

Heller, Robert: Selling successfully. New York: DK-Publishing, 1999

Hiam, Alexander: Marketing für Dummies. Mit spannenden Ideen den Markt erobern. Bonn: MITP, 2001

Hill, Napoleon: Denke nach und werde reich. Die 13 Gesetze des Erfolges. München: Hugendubel, 2001

Hopkins, Tom: Erfolgreich Verkaufen für Dummies. Bonn: MITP, 2001

Knigge, Adolf Freiherr v.: Über den Umgang mit Menschen. Frankfurt a. M.: Insel, 1977

Köhler, Hans-Uwe L. & Müller-Gerbes, Geert: Verkaufen. Aber wie? Bitte! Offenbach: GABAL, 2003

Levinson, Jay & Godin, Seth: The Guerilla Marketing Handbook. Boston, New York: Houghton Mifflin Company, 1994

Malik, Fredmund: Führen, Leisten, Leben. Wirksames Management für eine neue Zeit. München: Heyne, 2001

Mohr, Peter: 30 Minuten für gutes Verkaufen. Offenbach: GABAL, 2002

Schäfer, Bodo: Die Gesetze der Gewinner. Erfolg und ein erfülltes Leben. München: dtv, 2003

Scherer, Hermann: Sie bekommen nicht, was Sie verdienen, sondern was Sie verhandeln. Offenbach: GABAL, 2002

Schranner, Matthias: Verhandeln im Grenzbereich. Strategien und Taktiken für schwierige Fälle. München: Econ, 2002

Schulz von Thun, Friedemann: Miteinander reden
    1. Störungen und Klärungen. Reinbek bei Hamburg: Rowohlt Taschenbuch, 1981

Der Autor

Dr. med. Stefan Frädrich (www.stefan-fraedrich.de) ist Kommunikationstrainer, Coach und freier Dozent. Er studierte Medizin, promovierte mit einer forensisch-psychiatrischen Arbeit und war Arzt in der Uni-Psychiatrie. Dann bildete er sich zum Betriebswirt (IHK) weiter und war in der Geschäftsführung eines mittelständischen Betriebes tätig. Seine Lieblingsthemen sind Kommunikation, Management, angewandte Psychologie und Motivation. Er schreibt gerne (siehe Buchtipps!) und tritt gelegentlich als Schauspieler und Moderator auf.

Das Didaktik-Konzept von »Günter, der innere Schweinehund« setzt Stefan Frädrich auch in seinen Seminaren um. Seine Firmen »Luftfabrik« und »Pigdog« (www.nichtraucher-in-5-stunden.de) führen deutschlandweit sehr erfolgreich Nichtraucherseminare durch.

Der Illustrator

Timo Wuerz ist freier Designer, Illustrator und Künstler (www.timowuerz.com).

Seinen ersten Clown malte er schon mit knapp zwei Jahren, und seit seiner ersten Ausstellung mit zarten 14 feiert er erstaunlich vielseitige Erfolge: über ein Dutzend Comics und Kinderbücher, weltweit Aufträge für Architektur, Briefmarken, CD-Cover, Corporate Design, Filme, Magazinillustrationen, Poster und Spielzeug sowie die Gestaltung von Themenparkattraktionen. Die Arbeiten von Timo Wuerz sind mittlerweile in mehreren Museen (u.a. San Francisco Museum of Modern Art) zu sehen. Und er macht noch immer alles, was für ihn neu ist und sein Interesse weckt.